A CONQUISTA DA FLORESTA

RICARDO PARRINI

A CONQUISTA da FLORESTA

Como as aves insetívoras ocupam e vasculham a Floresta Amazônica

Ilustrações de
RAPHAEL DUTRA

Labrador

© Ricardo Parrini, 2024
Todos os direitos desta edição reservados à Editora Labrador.

Coordenação editorial Pamela J. Oliveira
Assistência editorial Leticia Oliveira, Jaqueline Corrêa
Projeto gráfico e capa Amanda Chagas
Diagramação Estúdio dS
Preparação de texto Lívia Lisbôa
Revisão Daniela Georgeto
Ilustrações Raphael Dutra

Dados Internacionais de Catalogação na Publicação (CIP)
Angélica Ilacqua CRB-8/7057

Parrini, Ricardo

A conquista da floresta : como as aves insetívoras ocupam e vasculham a Floresta Amazônica / Ricardo Parrini ; ilustrações de Raphael Dutra. – 1. ed.
São Paulo : Labrador, 2024.
168 p.; il.

Bibliografia
ISBN 978-65-5625-511-8

1. Aves insetívoras – Comportamento 2. Florestas – Amazônia - Aves I. Título II. Dutra, Raphael

24-0082   CDD 598.8113

Índice para catálogo sistemático:
1. Aves insetívoras – Comportamento

Labrador

Diretor-geral Daniel Pinsky
Rua Dr. José Elias, 520, sala 1
Alto da Lapa | 05083-030 | São Paulo | SP
editoralabrador.com.br | (11) 3641-7446
contato@editoralabrador.com.br

A reprodução de qualquer parte desta obra é ilegal e configura uma apropriação indevida dos direitos intelectuais e patrimoniais do autor. A editora não é responsável pelo conteúdo deste livro.
O autor conhece os fatos narrados, pelos quais é responsável, assim como se responsabiliza pelos juízos emitidos.

Agradecimentos

Agradeço primeiramente à minha família, que sempre apoiou minhas ideias e tornou possíveis meus sonhos.

À Maria Christina de França Miranda, pelo carinho e incentivo aos meus projetos.

Sou grato a vários amigos e pesquisadores que estiveram ao meu lado nas inúmeras viagens que realizei ao território amazônico do Brasil, em especial a Jeremy Minns, José Fernando Pacheco, Marcos André Raposo, Arthur Grosset, Carlos Eduardo Carvalho, Adelson Ribeiro e Ana Amélia Guerra.

Sou imensamente grato a toda a família Guerra, que me acolheu em Manaus inúmeras vezes.

Agradeço também aos amigos Andrew Whittaker, Paulo Boute e Marluce Boute, pelas oportunidades de trabalho em diversas regiões da Amazônia.

A Estevão Santos, pelas sugestões ao manuscrito.

Sumário

INTRODUÇÃO 9

CAPÍTULO 1: Tenores e tropas do dossel 11
CAPÍTULO 2: Andarilhos 29
CAPÍTULO 3: A turma do sub-bosque 39
CAPÍTULO 4: Caçadores do estrato médio 66
CAPÍTULO 5: Escaladores de troncos e galhos 103
CAPÍTULO 6: Caçadores passivos 119
CAPÍTULO 7: Caçadores da folhagem do dossel 132
CAPÍTULO 8: O céu é o limite 147
CAPÍTULO 9: Caçadores noturnos 151
CAPÍTULO 10: A enganosa vantagem das aves 158

CONSIDERAÇÕES FINAIS 163
BIBLIOGRAFIA CONSULTADA 165

Introdução

Na mais extensa floresta do mundo, existem aves com hábitos alimentares muito variados, desde catadoras de insetos até frugívoras radicais. Neste livro, conheceremos um pouco sobre a vida das aves insetívoras da Amazônia, incluindo algumas espécies que ocasionalmente comem frutos e até saboreiam néctar. Veremos como muitas delas conquistaram seu espaço na floresta, com base principalmente nos seguintes aspectos:

1. segregação espacial;
2. preferência por determinados substratos-alvo, onde os insetos são capturados;
3. comportamento alimentar;
4. associação a outros animais, como formigas e macacos;
5. uso diferencial de itens complementares da dieta, como frutos e néctar.

Será dado destaque aos comportamentos alimentares, bem como aos truques e artifícios de que as aves lançam mão para a captura de insetos e outros artrópodes. Veremos que os pássaros, quer pertencentes a linhagens evolutivas semelhantes ou linhagens evolutivas diferentes, buscaram "saídas" para compartilhar a floresta com seus vizinhos — atenuando, em muitos casos, o fator competição.

Este livro apresenta uma agradável abordagem espacial/evolutiva, mostrando como determinados grupos ou linhagens de espécies insetívoras se distribuem nos diferentes ambientes da Amazônia, desde as matas de várzea até as florestas de terra firme. Atualmente, podemos dizer que a ousadia, a criatividade e a elevada adaptabilidade das aves insetívoras, aliadas a um dos cenários mais prolíferos do planeta, contribuíram substancialmente com a velha fama da América do Sul de ser o "Continente das Aves".*

---

* Os dados apresentados sobre as aves e os ambientes foram obtidos empiricamente pelo autor, em diversas excursões de campo, basicamente entre os anos de 1996 e 2012. Informações complementares foram capturadas na literatura ornitológica vigente.

CAPÍTULO 1

Tenores e tropas do dossel

A primeira vez que subi em uma torre de observação na Amazônia fiquei deslumbrado. Isso ocorreu um pouco ao norte da grande capital Manaus. No começo, respirando o ar puro de uma bela manhã de céu claro, eu sabia que teria que vencer mais de duzentos degraus feitos de aço para chegar ao topo, onde repousava uma plataforma ampla a mais de 40 metros do solo.

A recompensa por chegar ao topo seria extraordinária e parecia, a cada passo, acelerar meu coração bem mais do que o organismo precisava. Eu estava ansioso para ver de perto várias aves do dossel que, até então, eu conhecia tão somente de imagens turvas obtidas com meu binóculo, a partir de estradas e trilhas encravadas na floresta monstruosa.

No início do percurso, eu dividia minha atenção entre a sinfonia de vozes de pássaros do alvorecer e um mundo de troncos, de vários diâmetros, que me rodeava. Em largas lacunas entre árvores gigantescas da floresta, cipós entrelaçados pendiam elegantemente, sustentando uma legião de musgos e filodendros que, supostamente, odiavam o sol.

Diversos papa-formigas e também formigueiros da família Thamnophilidae emitiam cantos insistentes ao redor dos primeiros degraus. As melodias eram quase sempre compostas de várias notas mais ou menos semelhantes, porém, cada qual com uma musicalidade singular. Em sua maioria, são pássaros pequenos com plumagens sombrias, de dieta insetívora, que habitam o sub-bosque pouco iluminado da floresta. Através de uma mensagem sonora específica, emitida durante boa parte das manhãs, casais costumam demarcar seus territórios de modo a não serem importunados por seus vizinhos. Assim, asseguram que certa parte da floresta será quase exclusivamente explorada pelos seus olhos sagazes, plenamente acostumados a caçar em um sombrio universo.

O formigueiro-de-hellmayr (*Percnostola subcristata*), uma espécie de coloração cinza-escuro que só existe acima do rio Amazonas, simboliza, com muita propriedade, esse time de pássaros. Vivendo sempre próximo ao chão da floresta, ele investiga a folhagem de arbustos e a própria serapilheira, em busca de aranhas e insetos. Seu canto é composto de uma série monótona de notas quase idênticas, com timbre um tanto grave, que parece adequado para alcançar distâncias razoáveis no interior da floresta.

Um pouco além da metade da escadaria, já era possível deduzir que a maioria das árvores possuía uma estratégia em comum: reservar a maior parte de suas folhas para as camadas superiores de seus corpos. Na luta pela sobrevivência, num ambiente enganosamente caótico, cada árvore projeta sua copa de modo a receber a maior quantidade de luz possível. Aos olhos de um leigo, muitos troncos e galhos por aqui podem parecer defeituosos, curvando-se sem motivo.

Outra notável adaptação de muitas árvores é fabricar folhas pequenas com limbos endurecidos, boa parte revestidos por uma cera protetora que impede a perda de umidade para o ambiente externo. Apesar de estarmos em uma floresta regada de chuvas durante a maior parte do ano, o calor extremo e os ventos constantes são fatores impiedosos, que contribuem para a desidratação.

Os pios de alguns arapaçus, pássaros que escalam troncos como se fossem ligeiros lagartos, pelo menos por alguns momentos, roubaram minha atenção. Logo avistei com meu binóculo o arapaçu-assobiador (*Xiphorhynchus pardalotus*), uma espécie que só pode ser encontrada ao norte do rio Amazonas. Ele tem a cabeça estriada de linhas negras e as asas e cauda ferrugíneas. Para saciar sua fome, esse exímio escalador coleta insetos na cortiça dos troncos e também em folhas mortas, acumuladas nas forquilhas de galhos e em trepadeiras. O arapaçu-assobiador defende seu território com chamados enfáticos e um canto repleto de notas duras.

Chegando ao topo da torre, respirei profundamente antes de olhar à minha volta: um mar de folhas com diferentes matizes de verde forrava a nova paisagem, juntando-se sublimemente ao azul tímido do céu no horizonte. A floresta se tornou, na verdade, uma imensa capa rugosa, por vezes, muito irregular, e que agora estava bem abaixo de mim. Algumas árvores gigantescas pareciam desafiar outras enganosamente baixas.

Um pouco acima das últimas folhas do dossel, um grupo de andorinhões-de-sobre-branco (*Chaetura spinicaudus*) voava em círculos mal desenhados, coletando minúsculos insetos alados que, normalmente, são invisíveis ao olhar humano. De certo modo, eles ocupam o mesmo nicho dos morcegos, mas em horas diferentes do dia. Com piados agudos, emitidos em sequências curtas, cada membro do grupo conecta-se aos seus companheiros de viagem.

O terraço da floresta é quase certamente o melhor lugar do mundo para determinados tenores emitirem seus cantos possantes. Esse é o caso do tucano-de-papo-branco (*Ramphastos tucanus*). Sua mensagem é constituída de chamados estridentes de longo alcance, repetidos durante minutos a fio, enquanto a ave joga a cabeça para cima em um tipo de ritual elegante.

Tucano-de-
-papo-branco

Tive a sorte de avistar um casal de araçari-negro (*Selenidera piperivora*), um primo dos tucanos de porte modesto, com cerca de dois palmos de comprimento. A plumagem do macho é exuberante, com a cabeça e o ventre pretos, contrastando com um belo colar amarelo, na nuca. Ao redor dos olhos há uma pele de coloração azul que rivaliza com a base avermelhada do bico. O macho subitamente emitiu uma sequência de coaxos roucos, abaixando e levantando o corpo, a cada nota: "kréu-kréu-kréu-kréu-kréu". A fêmea respondeu timidamente.

Tucanos e araçaris gerenciam um coquetel de frutos que desponta na copa da floresta ao longo do ano. Eles descem ocasionalmente até a orla da mata e as margens dos rios para comer frutos de palmeiras, como o açaí-do-amazonas (*Euterpe precatoria*) e a bacaba (*Oenocarpus bacaba*).

Enquanto uma névoa rala parecia insistir em guerrear com a luz solar, em volta da torre, uma brisa tímida corria entre as copas das árvores, animando outros cantores do dossel. As aves parecem saber que o ar — ainda relativamente frio e rarefeito, das primeiras horas das manhãs — pode colaborar com suas mensagens sonoras. Quando emitem seus cantos, não significa exatamente que estão felizes, mas sim preocupadas em salvaguardar territórios de alimentação ou avisar a um rival sobre a conquista de uma parceira.

Muitos ornitólogos e observadores de aves precisam decifrar a miscelânea de sons que a floresta emana durante as manhãs, e isso não parece ser uma tarefa fácil nas terras amazônicas. Confesso que levei alguns anos para compreender pelo menos boa parte dessas complexas orquestras. Antes de subir na torre de Manaus, eu já havia realizado trabalhos de campo em outros locais da Amazônia, como o alto rio Juruá e o Parque Nacional da Amazônia, no médio Tapajós.

Um som retumbante, duplo e seco, cortou o ar, bem atrás de duas árvores emergentes. Eu não tive dúvida de que se tratava do tamborilar do pica-pau-de-barriga-vermelha (*Campephilus rubricollis*). Esse é um tipo de som instrumental, oriundo da batida forte do bico contra um tronco, usado geralmente para defender territórios da floresta. Logo emergiu, de dentro da floresta, a ave de cabeça e longo topete coloridos de escarlate. Usou seu bico descomunal para bater em um tronco grosso de aparência cavernosa, provavelmente para averiguar a presença de larvas de besouros. Pica-paus são mestres da madeira, que testam o substrato com pancadas, antes de começar a escavação.

O pica-pau-de-barriga-vermelha é apenas um, dentre uma dúzia de pica-paus que vivem nessa região. Porém, ele se destaca pelo porte avantajado, quando comparado a quase todos os demais. Por isso, esse carpinteiro é exigente quanto aos troncos explorados. Ele geralmente necessita de troncos largos, frequentemente de árvores mortas, para se alimentar e reproduzir.

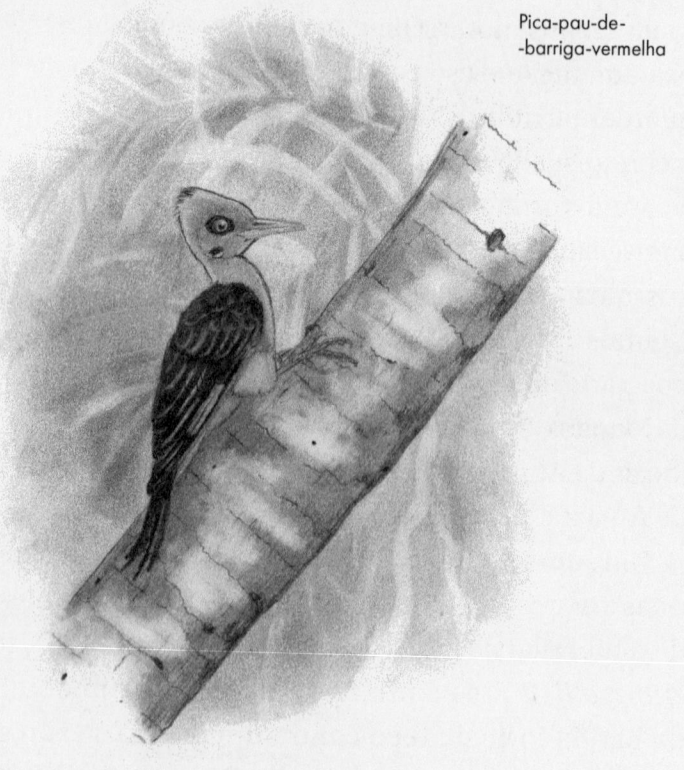

Pica-pau-de-
-barriga-vermelha

Nesse momento, um pequeno grupo de maitacas-de-cabeça-
-azul (*Pionus menstruus*) passou voando sobre a floresta, enquanto emitia um som ríspido de duas notas, que ecoava em todo o ambiente. Dentre os psitacídeos, esse pequeno papagaio de cauda curta e cabeça azul é um dos mais fáceis de identificar, seja pelo formato do corpo ou pela maneira peculiar de voar, dobrando as pontas das asas, que se voltam para baixo. Sempre tive a impressão de que os bandos de maitacas-de-cabeça-azul decoram certas rotas no céu que os levem até banquetes de frutos ou de flores.

Quando a maior parte das nuvens se dissipou e o céu tornou-se quase completamente azulado, consegui descobrir, com meu binóculo, um dos pássaros mais raros do dossel: o anambé-roxo (*Xipholena punicea*). A cor purpúrea de aparência sedosa do macho reluzia à tímida luz da manhã. Um voo reto, de uma copa a outra, revelou ainda mais a cor de neve das asas.

Os machos do anambé-roxo possuem certos truques para resolver algumas questões vitais, em grande parte associados a suas próprias asas. Essas peças do corpo não apenas criam um efeito visual extraordinário para conquistar as fêmeas, como também são dotadas de adaptações morfológicas para produzir ruídos durante o galanteio.

As mensagens dos anambés-roxos para garantir territórios e conquistar as fêmeas são, na verdade, bem mais sutis que as estratégias de tucanos e pica-paus, que emitem gritos fortes ou batem na madeira com os mesmos propósitos.

As espécies do gênero *Xipholena* figuram entre os melhores exemplos de "aloespécies", um grupo de aves que pertence ao mesmo gênero e se exclui geograficamente. Desse modo, o anambé-roxo é substituído, ao sul do baixo rio Amazonas, pelo anambé-de-rabo-branco (*Xipholena lamellipennis*). Uma terceira espécie, o anambé-de-asa-branca (*Xipholena atropurpurea*), vive nas florestas da costa Atlântica — sem nenhum contato com as anteriores.

O fenômeno das superespécies que compõem grupos de aloespécies figura entre os ingredientes evolucionários que foram (e ainda são) responsáveis pela extrema riqueza de aves da região Neotropical. Para compreendermos como isso ocorreu, temos que imaginar uma situação na qual um único ancestral deu origem a duas ou mais espécies ao longo do tempo, devido a um isolamento reprodutivo — em muitos casos, quando a vegetação sofreu reduções significativas por motivos climáticos. Posteriormente, quando as florestas formaram um novo mosaico, cada espécie (ou aloespécie) passou a ocupar suas áreas "definitivas". As calhas enormes de rios da Amazônia contribuíram sobremaneira para tal processo, como barreiras intransponíveis a novos contatos entre as espécies-irmãs.

Os anambés do gênero *Xipholena*, ao modo de outras aves da família Cotingidae, possuem uma dieta radical, incluindo quase somente frutos de determinadas plantas. Insetos fazem parte de suas dietas, principalmente nos primeiros meses de vida.

Vasculhando cuidadosamente o dossel da floresta com meu binóculo, descobri um pequeno grupo de pássaros azuis do gênero *Cyanerpes*, todos pousados na copa repleta de flores de um caneleiro (*Cenostigma macrophyllum*). Essa árvore altaneira da família Fabaceae produz, entre agosto e outubro, um dos mais esperados banquetes da Floresta Amazônica. Organizadas em racemos — inflorescências ao longo de um eixo comum —, as flores de pétalas amarelas produzem abundante néctar para saciar pequenos polinizadores da floresta, como pássaros, abelhas e até borboletas. Os pássaros *Cyanerpes* têm um bom motivo para estarem aqui. Eles possuem uma dieta à base de néctar, incluindo, em menor escala, frutos e insetos.

Observando com cuidado a farra dos pássaros, notei que havia, na verdade, três diferentes espécies de *Cyanerpes*, todas bem aparelhadas para a coleta de néctar, com bicos finos e relativamente longos. Visto que as fêmeas são completamente esverdeadas, é preciso reparar nas plumagens dos machos, principalmente para a identificação correta de cada espécie. O macho do saí-beija-flor (*Cyanerpes cyaneus*) tem a cabeça quase igual à de um beija-flor, com uma coroa azul-clara e bico fino e curvo. O saí-de-perna-amarela (*Cyanerpes caeruleus*) pode ser diferenciado prontamente pela coloração das pernas, apresentando um formato de bico semelhante aos de seus parentes. A terceira espécie, o saí-de-bico-curto (*Cyanerpes nitidus*), mostrava um feitio de bico mais modesto, com o comprimento muito inferior ao de outros saís.

Hipnotizados pelas flores do caneleiro, os saís moviam-se rapidamente de um cacho a outro, inserindo seus bicos no fundo da corola, entre as pétalas amarelas. Eventualmente, na ânsia de conseguir chegar até outra flor da mesma espiga, eles pisoteavam as inflorescências, lambuzando a plumagem com o pólen colorido.

Os caneleiros contam com seus visitantes, sejam pássaros ou abelhas, para conduzir o pólen de uma flor a outra e, consequentemente, realizar um dos passos mais importantes de sua existência: a polinização. No caso das abelhas, o pólen é levado em bolsas ou sacolas que ficam anexas às pernas, ou mesmo nas costas.

Depois de cinco minutos, a legião de saís azuis abandonou a árvore, voando rapidamente até outro canto da floresta, enquanto emitia pios agudos que, certamente, conectam cada indivíduo ao agrupamento. Andar lado a lado com espécies-irmãs, pelo menos em uma parte do dia, pode ser uma boa estratégia para otimizar a busca de néctar. Isso pode soar um tanto estranho para muitos ecólogos, que pensam que a competição por alimento entre espécies semelhantes pode gerar certo afastamento entre elas. Porém, é preciso entender que todos os *Cyanerpes* procuram um tipo de recurso que é abundante em certos pontos da floresta. Além disso, muitos olhos costumam trabalhar melhor do que um ou dois pares, não apenas para descobrir flores e frutos, mas também para detectar predadores.

A floresta calou-se ao redor da torre por algum tempo, até que um par de araras-vermelhas (*Ara chloropterus*) causasse um verdadeiro escândalo, com seus berros ameaçadores, enquanto batia suas asas enormes de cor azul. Elas são muito exigentes quanto à alimentação, necessitando de frutos grandes e nutritivos, como os de certas palmeiras e castanheiras, que podem ser encontrados apenas em determinados setores da imensa floresta.

Pouco antes das 9 horas da manhã, quando o calor já começava a incomodar, um canto ao longe, composto de notas límpidas perfeitamente pausadas, e repetidas a intervalos de dois ou três segundos, poderia trazer consigo uma tropa de aves na direção da torre. Explicando melhor, tal cantiga é usada pelo assobiador-do-castanhal (*Vireolanius leucotis*) para seduzir uma legião de seguidores do dossel, mantendo-os por perto pelo maior tempo possível. Tal "acordo" parece beneficiar ambas as partes. Enquanto os seguidores lucram com um tipo de proteção, garantida pelos olhos vigilantes do assobiador-do-castanhal, esse último, sem fazer muitos esforços, é presenteado com uma miríade de insetos desalojados pela equipe.

Agremiações como essa são chamadas pelos ornitólogos de bandos mistos; possuem uma rota mais ou menos definida na floresta, diligentes líderes e certas regras de "boa vizinhança" ainda não integralmente conhecidas. O que se sabe é que a maioria das aves ganha proteção contra predadores, assim como a otimização do forrageio.

Eu sabia que minhas chances de observar a tropa do dossel seriam elevadas caso o assobiador-do-castanhal se deslocasse mais ou menos na direção da torre. Aguardei por quase meia hora, procurando qualquer tipo de movimento entre as folhas e os galhos das árvores. Os seguidores em geral são pequenos pássaros de dieta insetívora ou onívora — alguns deles, de coloração vívida.

Tive sorte de avistar o líder assobiador-do-castanhal no topo de uma árvore altaneira, pousado em um galho delgado quase horizontal, de onde aparentemente vigiava, com seus olhos verdes, os acontecimentos da floresta. Sua cabeça possui um desenho ímpar, onde um boné cinzento contrasta com uma sobrancelha amarela. O bico robusto, que parece desproporcional ao tamanho do pássaro, é usado para capturar besouros, lagartas robustas, aranhas, entre outros pequenos animais. Após coletar suas vítimas, o assobiador-do-castanhal costuma utilizar seus pés fortes para pisoteá-las e, então, dilacerá-las com o bico.

Assobiador-do-castanhal

Um chorozinho-de-costas-manchadas (*Herpsilochmus dorsimaculatus*), pequeno pássaro de coloração alvinegra que ocorre ao norte do rio Amazonas, apareceu, em torno da torre, movendo-se agilmente com o corpo inclinado para a frente e a cauda em posição quase horizontal. Durante a busca incessante de insetos miúdos na folhagem, o pássaro demarcava seu modesto "território móvel" com um canto borbulhante, composto de notas rascantes.

Logo, a torre ficou cercada de cantigas diferentes; uma sinfonia que desafiaria os ouvidos de qualquer ornitólogo. Eu sabia que teria pouco tempo para observar a efêmera passagem da tropa do dossel.

Seguindo, com os olhos, a tremulação da folhagem de uma figueira gigantesca, descobri outro ilustre insetívoro do dossel: o zidedê-de-asa-cinza (*Euchrepomis spodioptila*). Ele pertence à família dos chorozinhos-de-costas-manchadas, porém tem o corpo mais leve e o bico modesto.

Sem demora, avistei outro adepto de movimentos ligeiros para angariar insetos na folhagem das árvores mais altas da floresta: a borboletinha-guianense (*Phylloscartes virescens*). De plumagem verdoenga, como outros papa-moscas da família Rhynchocyclidae, o pequeno pássaro erguia sua cauda, abaixava ligeiramente as asas e mantinha o corpo voltado para a frente, como se estivesse, a cada lapso de segundo, pronto para atacar suas vítimas.

Misturado a outros membros do bando, havia um vite-vite-camurça (*Pachysylvia muscicapina*) de plumagem pouco chamativa: o alto da cabeça é cinzento; o ventre, branco; e as costas esverdeadas. Exímio investigador da folhagem da copa das árvores, esse pequeno pássaro de apenas 11 centímetros investiga principalmente folhas enroladas, pendurando-se nelas para extrair lagartas de borboletas.

Grande parte dos pássaros insetívoros que vivem no dossel da Floresta Amazônica possui corpos leves de até 14 gramas, bicos agudos e tamanho de até 15 centímetros de comprimento. Forrageando ativamente, quase sem descansar, a tropa do dossel precisa angariar bastante alimento nas primeiras horas do dia, antes que o calor do sol torne quase inviável o deslocamento pela floresta. Os olhos dos líderes, quase sempre, anunciarão certos predadores, como gaviões e falcões, espreitando de árvores altas (ou mesmo escondidos no interior da mata).

Vite-vite-camurça

Porém, tudo não seria tão "perfeito" se pequenas diferenças comportamentais não garantissem certa mitigação da competição entre cada espécie de ave insetívora. Apesar de compartilharem o mesmo tipo de alimento no último andar da floresta e de serem amantes de uma intensa vida social, chorozinhos-de-costas-manchadas, zidedês-de-asa-cinza e borboletinhas-guianenses apresentam determinadas peculiaridades comportamentais que podem estar associadas, em boa parte, a distintas histórias evolutivas e até a suas próprias medidas corporais.

Zidedês-de-asa-cinza possuem corpos muito pequenos e leves, que se movimentam mais rapidamente do que quase qualquer outro comedor de insetos do dossel. Poucas aves desse andar da floresta têm a capacidade de penetrar em estreitas brechas da folhagem de árvores e trepadeiras. Seus olhos são adaptados para caçar a curtas distâncias, podendo detectar, a cada avanço, súbitos movimentos de diminutas presas entre os limbos foliares. Voos muito curtos e eventualmente improvisados, bem como acrobacias desajeitadas, fazem parte de seu repertório comportamental de caça.

Na escala de agilidade, os chorozinhos-de-costas-manchadas ocupariam, mais ou menos, o nível inferior. Maiores e ligeiramente mais pesados que seus vizinhos de asas cinza, eles não costumam se aventurar em nichos extremamente densos, preferindo caçar insetos sutilmente maiores, na folhagem pouco imbricada das árvores, apesar de serem caçadores de curta distância também. Esticando o pescoço ou utilizando modestos saltos, os chorozinhos-de-costas-manchadas surpreendem suas vítimas. As borboletinhas-guianenses procedem quase da mesma forma, mas são especializadas em caçar suas presas com voos curtos e certeiros, como tiros à queima-roupa. Os vite-vites-camurças, por sua vez, costumam exibir acentuada preferência por lagartas que residem em folhas curvas.

Um som estranho como os coaxos de um sapo, composto de duas a três notas, anunciou a presença de um bico-chato-da-copa (*Tolmomyias assimilis*). Ele é um pouco maior do que seus companheiros de viagem anteriores e também mais vagaroso em seus movimentos. Com um modelo de bico plano e largo, costuma caçar corpulentos besouros e percevejos.

Uma regra interessante — e um tanto óbvia, também — pode ser aplicada em toda a Amazônia: as aves pequenas e rápidas capturam quase sempre insetos miúdos, enquanto as maiores e mais lentas caçam presas mais robustas.

Continuei a fazer varreduras na copagem, para descobrir outros seguidores do assobiador-do-castanhal. As lentes do binóculo alcançaram, ao longe, uma planta esquisita de flores vermelhas que estava rodeada de uma pequena tropa de pássaros e beija-flores. Tratava-se de um rabo-de-arara (*Norantea guianensis*). Essa trepadeira escandente tem uma curiosa e incomum estrutura para oferecer néctar aos visitantes florais. As plantas produzem, em certa época do ano, inflorescências de quase 1 metro de comprimento, sendo a parte mais proeminente formada por nectários de cor escarlate que são meramente brácteas pêndulas, pois as verdadeiras flores são muito pequenas. Nesse pequeno mundo, os pássaros são obrigados a pisotear as flores pequeninas para alcançar o néctar dentro das brácteas, carreando grãos de pólen antes de voarem até outra inflorescência. Esse "truque" é muito peculiar às plantas da família Marcgraviaceae, que produzem nectários extraflorais com diferentes formatos, como jarras ou falsas pétalas pêndulas (brácteas), de cores vibrantes.

Um dos pássaros que estavam mais empenhados em coletar néctar do rabo-de-arara era o saí-verde (*Chlorophanes spiza*), um "primo" dos saís *Cyanerpes*. Imaginei que seu bico longo e um tanto curvo fosse uma das melhores ferramentas para alcançar o farto néctar dentro das brácteas. Duas saíras-diamante (*Tangara velia*) ocupavam um setor diferente da planta, pisoteando flores e inserindo o bico dentro das bolsas de néctar com cuidado. Porém, nem todos os visitantes estavam de fato dispostos a "ajudar" a planta. Um par do beija-flor-azul-de-rabo-branco (*Florisuga mellivora*) pairou diante das brácteas para coletar o açúcar com sua comprida língua extensível, sem tocar nos órgãos reprodutivos das flores. Ironicamente, podemos dizer que os beija-flores, tão famosos por realizar a polinização de muitos tipos de plantas, não são os polinizadores ideais para os rabos-de-araras.

Na natureza, nem todas as flores utilizam as mesmas estratégias de polinização. Isso pode ser deduzido através da contemplação de sua morfologia e, em alguns casos, da mera observação dos comportamentos utilizados pelos seus principais visitantes florais.

Mais próximo da torre, um chincoã-de-bico-vermelho (*Piaya melanogaster*) realizou um voo planado para descer da copa de uma árvore até o interior da floresta. As asas abertas sustentaram seu corpo longilíneo, de quase dois palmos de comprimento, por alguns segundos. Quando pousou, pude observar, entre brechas da vegetação, sua coloração espantosa: um manto ferrugíneo e uma máscara negra contrastavam com o bico de cor escarlate. A cauda longa (que certamente serviu de leme durante seu mergulho na mata) apresentava uma surpreendente coloração alvinegra nas pontas.

O chincoã-de-bico-vermelho não é tão ágil quanto os pequenos caçadores do dossel que vimos anteriormente, porém ele utiliza certos truques que costumam otimizar a busca por insetos grandes e lagartas. Seguindo as tropas do dossel, consegue detectar movimentos súbitos de insetos que se movimentam para escapar da frente de caçada. Outra estratégia, ainda mais engenhosa, é a de espreitar determinadas florações do dossel que representam, de certo modo, banquetes de pequenos seres vivos. Em um piscar de olhos, voa em direção a uma abelha ou vespa. Eventualmente, o chincoã-de-bico-vermelho empreende um tipo de arranco, abrindo suas asas sutilmente, para "varrer" a folhagem da copa das árvores. Dessa forma ele desaloja pequenos artrópodes que vivem escondidos nos limbos foliares. Pequenos lagartos são apetitosos prêmios, que costumam estar em seu vasto cardápio de presas.

Com a passagem da tropa do dossel, a floresta ao redor da torre havia silenciado novamente. Eu agora estava empenhado em descobrir um grupo de macacos-aranha (*Ateles belzebuth*) que gritava ao longe. Eles são famosos por suas acrobacias no dossel. Com os braços e a cauda bastante longos, podem se pendurar de muitas maneiras diferentes em galhos de árvores, como se tivessem a mesma forma ou até a rara habilidade das aranhas. Tais membros possibilitam manobras radicais, como se pendurar com a cauda e, ao mesmo tempo, comer um fruto com as mãos. Também é possível percorrer a mata em alta velocidade e saltar a grandes distâncias sem correr muito risco.

Quase 11 horas da manhã, quando decidi ir embora, avistei ao longe um gavião-de-penacho (*Spizaetus ornatus*). Ele observava a baderna dos macacos-aranha, pousado em um galho desnudo da copa de uma árvore. Apesar de mamíferos serem uma parte importante de sua dieta (essencialmente carnívora), os macacos-aranha pareciam grandes demais. Contudo, esses primatas, quando se deslocam bruscamente em ambientes florestais, podem tornar evidentes outros animais, como grandes lagartos, saguis, quatis e até pássaros, que tentam fugir para recantos mais calmos da floresta. E é exatamente nessa curta viagem que tais animais podem ser surpreendidos pelo gavião-de-penacho.

CAPÍTULO 2

Andarilhos

O solo da floresta é o extremo oposto do dossel que vimos no capítulo anterior, não apenas espacialmente, mas também em termos de condições climáticas e estrutura da vegetação. Isso significa que as aves andarilhas que vivem nesse ambiente necessitam de distintas adaptações para sobreviver. Os problemas — e também as vantagens — de viver no chão são bem diferentes daqueles do terraço da floresta.

Caminhando em uma floresta de terra firme, um pouco ao norte da cidade de Manaus, é possível notar que o sub-bosque tem aspecto de um "parque aberto", com lacunas entre os troncos das árvores e caminhos limpos. Um dos fatores responsáveis por esse aspecto é a pouca luminosidade que chega aos primeiros andares da vegetação. Na verdade, as copas amplas de uma multidão de árvores gigantescas permitem que poucos raios solares penetrem no sub-bosque.

Muitos arbustos e arvoretas que habitam esse sombrio e sufocante ambiente — com temperatura elevada e quase constante durante o dia — são dotados de raízes modestas, que se desenvolvem quase somente na interface serapilheira/solo. Isso acontece porque os nutrientes do solo estão mais concentrados na camada superficial e dependem de uma miríade de folhas e galhos, que caem diariamente de todos os demais patamares da floresta. O ar saturado de umidade e as chuvas que desabam durante a maior parte do ano ajudam sobremaneira na decomposição da matéria vegetal.

O solo repleto de folhedos e gravetos em diferentes etapas de decomposição é o lar de uma imensa legião de seres criptozoicos, que vive escondida num universo repleto de cores negras e marrons. Quase certamente, um dos grupos de vertebrados que melhor conquistou esse ambiente foi o das aves andarilhas.

Apesar de pertencerem a várias famílias, quase todas as aves andarilhas mostram certos tipos de adaptação morfológica em comum: caudas curtas ou quase ausentes, pernas compridas e olhos grandes são adaptações frequentemente encontradas nesse grupo de aves. Assim, é possível caminhar com facilidade e enxergar não apenas o alimento, mas também o vulto de um predador. Embora haja algumas poucas exceções, quase todas as aves andarilhas possuem vozes possantes, que têm utilidade múltipla: convencer e contatar parceiros da mesma espécie e avisar a todas as outras aves de um território já conquistado.

Começaremos com os jacamins da família Psophiidae, um pequeno grupo de aves andarilhas exclusivo da Amazônia. Na verdade, existem oito espécies de jacamins, que se excluem geograficamente, representando um caso de "superespécie", ao modo dos anambés *Xipholena* das copas da floresta (veja o capítulo 1). Todos os jacamins possuem quase meio metro de altura, porte ereto, cabeça pequena e pescoço curvo. A cauda é singularmente curta e mole, e as pernas, altas.

Os leitos de grandes rios, como o Amazonas, o Madeira e o Tapajós, constituem as verdadeiras barreiras entre as espécies de jacamins. O representante dessa equipe nas florestas de terra firme ao norte de Manaus é o jacamim-de-costas-cinzentas (*Psophia crepitans*). Caminhando em grupos numerosos, eventualmente chegando a quinze indivíduos, os jacamins-de-costas-cinzentas revolvem a serapilheira com o bico forte e curvo em busca de centopeias, cupins, gafanhotos grandes e, apenas raramente, frutos. Diante de um estranho ruído na floresta, todos realizam voos desajeitados até poleiros do estrato médio, onde permanecem até a floresta silenciar. Por serem extremamente vigilantes e ariscos, são considerados verdadeiros prêmios para os observadores de aves e fotógrafos.

Jacamins-de-costas-
-cinzentas

Os urus da família Odontophoridae são representados apenas por duas espécies na Amazônia brasileira. A pobreza em diversidade no Neotrópico pode ser explicada pelo fato de possuírem maior importância no Velho Mundo, onde são representados por diferentes espécies de faisões, pavões e galinhas.

O uru-corcovado (*Odontophorus gujanensis*) lembra algumas espécies de galinhas europeias, com peito ferrugíneo e região em torno dos olhos nua e de cor alaranjada. De hábito gregário, pode ser encontrado em grupos grandes na floresta, caminhando com seus pés fortes em busca de insetos, moluscos e frutos. Quase qualquer tipo de alimento pode ser dilacerado por seu bico alto e mandíbula de margens serreadas. Sua mensagem sonora é uma das mais notáveis da Amazônia, de notas límpidas, em duetos sincronizados, que podem alcançar longas distâncias. Aparentemente, os urus possuem uma dieta sutilmente diferente dos jacamins, onde os itens vegetais costumam ter maior peso. Além disso, essa turma usa locais da floresta bem diferentes para construir seus ninhos. Enquanto os urus *Odontophorus* fazem berços de folhas no chão, os jacamins escolhem ocos de árvores para esconder seus ninhos.

Um dos grupos de andarilhos mais bem-sucedidos nas terras amazônicas é o dos inhambus e chororozinhos da família Tinamidae. Sua dieta é composta basicamente de itens vegetais, como sementes e bagas; dessa forma, competem muito pouco com os jacamins e os urus.

Os ornitólogos acreditam que diferenças no hábitat e nos itens alimentares podem explicar como os diversos tipos de inhambus se segregam ecologicamente. Penso que isso faz muito sentido.

Vejamos o caso das quatro espécies que ocorrem em torno da capital Manaus. O inhambu-de-cabeça-vermelha (*Tinamus major*) é o maior representante por aqui, com mais de 40 centímetros de comprimento e peso mínimo de 950 gramas. O menor representante da família é o tururim (*Crypturellus soui*), com apenas 23 centímetros de comprimento. Qualquer pessoa pode imaginar que os frutos e sementes tomados pelo inhambu-de-cabeça-vermelha são mais volumosos que os obtidos pelo tururim. Além disso, o primeiro tem preferência pelo âmago das florestas de terra firme, enquanto o segundo, pelas bordas de matas.

Os outros dois tinamídeos, o chororão (*Crypturellus variegatus*) e o jaó (*Crypturellus undulatus*), são dotados de medidas intermediárias entre a dupla anterior. O jaó, em particular, habita as matas de várzea ao redor de Manaus, quase nunca encontrando seus primos da terra firme.

Os inhambus costumam reforçar seus domínios nas florestas através de cantos possantes, emitidos tanto pelos machos como pelas fêmeas. A sonoridade de tais melodias parece plenamente adaptada a vencer os paredões de folhas da floresta. O pequeno tururim possui uma cantiga trêmula e sonora que é repetida em muitos períodos do dia.

Outra particularidade dessa família é a "negligência" na escolha de locais e de material para seus ninhos. Quase todos aproveitam depressões naturais no solo que estejam meramente cobertas de folhedos para colocar os ovos.

As pariris e juritis dos gêneros *Leptotila* e *Geotrygon* são pombas com pouco mais de um palmo de comprimento, que caminham em grande parte da Floresta Amazônica. Com golpes de bico, reviram sutilmente a serapilheira, para encontrar os frutos e sementes que constituem a maior parte de sua dieta. A pariri (*Geotrygon montana*) anuncia seu território a possíveis concorrentes com um canto extremamente grave e profundo, que se dissipa aos poucos dentro da floresta.

Até agora, vimos os andarilhos da floresta que apresentam dieta onívora ou frugívora, desde os jacamins até as pariris. Eles são representados por aves de médio porte, solitárias ou que vivem em grupos, dotadas de vozes poderosas para defender territórios de alimentação e conquistar seus parceiros.

Contudo, existem várias espécies de pássaros de pequeno porte e dieta estritamente insetívora que figuram entre os caminhantes mais notáveis da Amazônia. Quase todos eles pertencem a apenas duas famílias: Scleruridae e Formicariidae.

Grande parte dessa turma não pode ser encontrada em qualquer floresta, pelo mero fato de ser geralmente exigente quanto à qualidade de micro-hábitat. Quase todos são amantes de ambientes sombrios e frescos de florestas preservadas, especialmente onde há uma boa quantidade de folhiço na serapilheira.

Na região de Alta Floresta (uma das mais bem estudadas, ornitologicamente, em toda a Amazônia brasileira), foram registradas quatro espécies do gênero *Sclerurus* até hoje. São pássaros com menos de um palmo de comprimento, coloração geral amarronzada com reflexos ferrugíneos no peito e a garganta clara, todos muito semelhantes entre si. Extremamente difíceis de serem observados na natureza, os *Sclerurus* são conhecidos pela denominação genérica de "vira-folhas" — um termo que faz alusão ao hábito de desalojar as folhas mortas da serapilheira com golpes de bico, para descobrir insetos e outros artrópodes. Seus bicos são de retilíneos a suavemente curvos, com comprimentos variados conforme a espécie.

Em Alta Floresta, como em outros lugares da Amazônia, a segregação de hábitats entre as espécies de vira-folhas ainda é pouco conhecida, principalmente por serem pássaros de hábitos solitários e secretos, que fogem, com voos rasantes, ao menor ruído ou movimento na vegetação. Além disso, costumam ter densidades populacionais relativamente baixas.

Contudo, é tentador imaginar que haja determinada segregação ecológica com base no micro-hábitat e no tipo (ou tamanho) de presas capturadas por cada espécie. O vira-folha-de-bico-curto (*Sclerurus rufigularis*) possui o bico mais curto e alto que o de seus parentes de Alta Floresta. Na escala de dimensões do bico, o "extremo oposto" seria ocupado pelo vira-folha-de-peito-vermelho (*Sclerurus macconnelli*). Seu bico é mais fino e longo que os de quaisquer outros congêneres. O terceiro membro da equipe, o vira-folha-pardo (*Sclerurus caudacutus*), apresenta o bico de medidas intermediárias entre os das espécies anteriores. A última espécie, o vira-folha-de-garganta-cinza (*Sclerurus albigularis*), possui um modelo de bico muito diferenciado, que pode lembrar remotamente um tipo de formão.

Vira-folha-pardo

Diante de modelos de bico distintos, podemos imaginar que existam sutis diferenças entre os vira-folhas, tanto nos movimentos de desalojar as folhas da serapilheira como nos tipos e tamanhos das presas capturadas. Curiosamente, todos os vira-folhas constroem seus ninhos dentro de cavidades de barrancos, alargando galerias já existentes, algumas vezes abandonadas por outros animais.

A família Formicariidae reúne maior quantidade de andarilhos do que qualquer outro grupo de aves amazônicas que possua essa profissão. É possível encontrar até quase uma dezena de espécies dessa família em uma única região. Contudo, são pássaros muito sensíveis ao desmatamento, sumindo com certa rapidez diante desse tipo de ameaça; isso pode ser explicado, ao menos em parte, pela deterioração da serapilheira, seu principal nicho de caça.

Quase todos os andarilhos da família Formicariidae possuem nomes estranhos, alguns deles denotando o aspecto do pássaro ou o próprio hábito de caminhar: galinhas-do-mato ou pintos--da-mata (gênero *Formicarius*), tovacas (gêneros *Chamaeza* e *Myrmothera*), tovacuçus (gênero *Grallaria*) e tororons (gênero *Hylopezus*). Alguns traços morfológicos são compartilhados por quase todos eles: a cabeça e os olhos grandes, a cauda curta e as pernas altas.

A galinha-do-mato (*Formicarius colma*) e o pinto-do-mato--de-cara-preta (*Formicarius analis*) ocorrem em grande parte da Floresta Amazônica. Têm o aspecto geral de uma pequena saracura, com plumagem anegrada e, no caso da galinha-do--mato, um boné ferrugíneo. Andam cuidadosamente no solo com a cauda erguida, pisoteando a serapilheira e virando folhas com o bico, para surpreender insetos, larvas e aranhas. Cantos sonoros de muitas notas quase idênticas, formando um trinado ascendente ou descendente, são usados para reforçar a defesa de seus territórios.

Nas florestas de terra firme do Parque Nacional da Amazônia, a oeste da porção média do rio Tapajós, encontrei a tovaca--patinho (*Myrmothera subcanescens*) quase ao alcance das vozes do par de *Formicarius*. As pernas muito longas e o porte ereto são aspectos bastante singulares dessa andarilha. O pouco conhecimento acumulado sobre a segregação espacial entre esse trio de espécies torna muito difícil qualquer tipo de conclusão. Eu arriscaria dizer que os *Formicarius* são mais dependentes de formigas de correição em suas rotas de alimentação. Desse modo, eles cercam os exércitos de formigas, a certa distância, de modo a abater a legião de insetos que, tentando fugir da frente de caçada, torna-se mais evidente no solo da floresta. Veremos posteriormente que existem outras aves especializadas nesse tipo de atividade; porém, geralmente, são semiterrícolas.

A tovacuçu (*Grallaria varia*) ocorre em boa parte da Amazônia e também nas florestas serranas do Brasil meridional. Trata-se de uma ave de aparência muito esquisita, com corpo gordo, cabeça grande, asas curtas e pernas altas. Ela é amante das florestas maduras da terra firme, com árvores altas e sub-bosques escuros. Utiliza seus olhos grandes e sagazes para apanhar alimento no solo, entre folhas da serapilheira e no pé de troncos. Com seu bico grosso, captura e dilacera grandes aranhas, escorpiões e centopeias. Saltita, tanto no chão como sobre troncos caídos e pedregulhos, em ambientes frescos e com pouca luz. De manhã cedo ou no cair da tarde, a tovacuçu emite seu canto assombroso — uma sequência de notas de timbre grave e penetrante.

Com 15 a 17 centímetros de comprimento, aproximadamente, as espécies do gênero *Hylopezus* não devem nada às tovacuçus em termos de esquisitice. De aparência bizarra, em virtude de sua cabeça grande, cauda quase ausente e pernas altas, o torom-carijó (*Hylopezus macularius*) é uma ave de hábitos secretos, muito difícil de ser observada na Floresta Amazônica. O mesmo podemos dizer do torom-torom (*Hylopezus-Myrmothera berlepschi*). Ambos cantarolam em clareiras naturais dentro das matas, especialmente onde existem córregos e pântanos pequenos, defendendo territórios durante boa parte do ano.

Se, por um lado, a segregação espacial entre galinhas-da-mata, tovacas e toroms ainda permanece um tanto nebulosa para muitos ornitólogos, por outro lado, podemos apostar que suas cantigas têm um significado muito forte na luta pela sobrevivência. Nesse contexto, é plausível conjecturar a existência de certas "regras de boa vizinhança" entre todos eles, incluindo um tipo de adequação de territórios entre casais (ou indivíduos) vizinhos, baseada em mensagens sonoras.

Torom-torom

CAPÍTULO 3

A *turma do sub-bosque*

Anteriormente, vimos como a legião de aves andarilhas, que passa quase toda a sua vida caminhando em busca de alimento, conquistou a Floresta Amazônica. As aves do sub-bosque podem até usar o chão, eventualmente, caminhando ou saltitando; porém, preferem viajar pela floresta, utilizando galhos de arvoretas e raízes de diferentes diâmetros e inclinações. Em algumas ocasiões, podem usar, como poleiros, troncos mortos de árvores, lianas entrelaçadas e até pedras de faces nuas ou repletas de plantas epífitas. Por convenção, incluirei nessa turma somente os pássaros que vivem a maior parte de suas vidas abaixo de 1,5 metro de altura.

Choquinhas, papa-formigas, formigueiros e afins

Nesta seção, trataremos da turma de pássaros da família Thamnophilidae que habita o sub-bosque das florestas da Amazônia. Eles são os mais habilidosos caçadores de insetos da vegetação baixa de raízes, arbustos, arvoretas e ervas que cobrem o solo. A maior parte pertence aos gêneros *Isleria, Hypocnemis, Hypocnemoides, Myrmoborus, Dichrozona, Sclateria, Akletos, Hafferia*, entre outros.

Em geral, são pássaros pequenos de plumagem sombria, corpo leve e cauda curta. A maioria não tem comprimento superior a 15 centímetros, tampouco pesa mais de 15 gramas. Todos eles percorrem a floresta solitariamente ou aos casais, emitindo cantos sonoros para defender territórios de alimentação e reprodução. Todas essas peculiaridades concedem uma vida razoavelmente segura para quase toda a equipe do sub-bosque. Tamanho pequeno e plumagens modestas, para escapar de predadores (e, em alguns casos, não serem vistos pelas suas próprias presas); corpo leve e cauda curta auxiliam, em manobras ligeiras, a prática do ataque a insetos e aranhas, seus principais itens alimentares. Embora tenham certa tendência a bicar as presas, enquanto empoleirados, estão inclusos em seu repertório de captura outros métodos, como voos curtos e até modestas acrobacias.

Contudo, cada gênero/espécie apresenta predileções por certo nicho florestal ou micro-hábitat, bem como por substratos específicos para a caçada. Além disso, existem outros aspectos a serem considerados na ecologia de cada espécie, como a tendência de acompanhar outras aves da floresta ou seguir formigas de correição. Nessa última tarefa, não são as formigas que são devoradas, e sim os insetos e outros artrópodes que são afugentados por elas. Veremos isso com mais detalhes na segunda seção deste capítulo.

A choquinha-de-garganta-clara (*Isleria hauxwelli*) é uma das menores aves semiterrícolas da Amazônia, com apenas 10 centímetros de comprimento e 10 gramas de peso. O macho apresenta plumagem cinzenta, com as costas mais escuras e duas barras alvas sobre as asas. Ela tem habilidade para utilizar delgados ramos verticais e diagonais como poleiros de passagem e espreita, o que facilita sobremaneira a circulação no sub-bosque. Com o bico fino e pontiagudo, a choquinha-de-garganta-clara captura pequenos artrópodes que vivem em caules, dentro de folhas mortas que ficam enganchadas na vegetação ou ainda em folhedos acumulados entre ramos de trepadeiras. Eventualmente desce até o solo, para surpreender pequenos opiliões e aranhas que estejam caminhando na serapilheira. A preferência por substratos senescentes, como folhas e gravetos em diferentes fases de decomposição, é a "marca registrada" de seu forrageamento.

O cantador-estriado (*Hypocnemis striata*) passa a maior parte de seu tempo explorando a folhagem verdejante de arbustos e trepadeiras do sub-bosque das florestas de terra firme. Diferentemente da espécie anterior, raramente explora folhas mortas ou substratos senescentes. Alguns ornitólogos consideram essa espécie como um ocasional usuário de folhas mortas. Embora alguns indivíduos possam seguir, por alguns minutos, bandos mistos de aves e até formigas de correição, o cantador-estriado aprecia caçar solitariamente.

O solta-asa (*Hypocnemoides maculicauda*) vive grande parte de seu tempo na vegetação ribeirinha, seja nas margens de rios grandes ou na borda de lagoas, ao sul do rio Amazonas. Casais anunciam seus territórios com cantos poderosos — uma sequência inicialmente trêmula e ascendente, passando para um ritmo descendente e áspero na parte final. Com apenas 11 centímetros de comprimento, o macho apresenta plumagem cinza, com as asas e a cauda mais escuras. Cobrindo as penas da asa há um par de linhas brancas. Os casais usam, como poleiros, galhos horizontais baixos, um ou dois palmos acima da água ou da serapilheira úmida das margens dos rios. Saltam até as folhas que cobrem o solo, para abater baratas, aranhas, minhocas, larvas e outros pequenos seres.

No Parque Nacional da Amazônia, na margem esquerda do rio Tapajós, observei os solta-asas explorando não apenas as margens do rio, mas também folhedos acumulados na forquilha de lianas e trepadeiras, até cerca de 2 metros de altura. Nesse ambiente, raramente se encontram com outros pássaros de sua família.

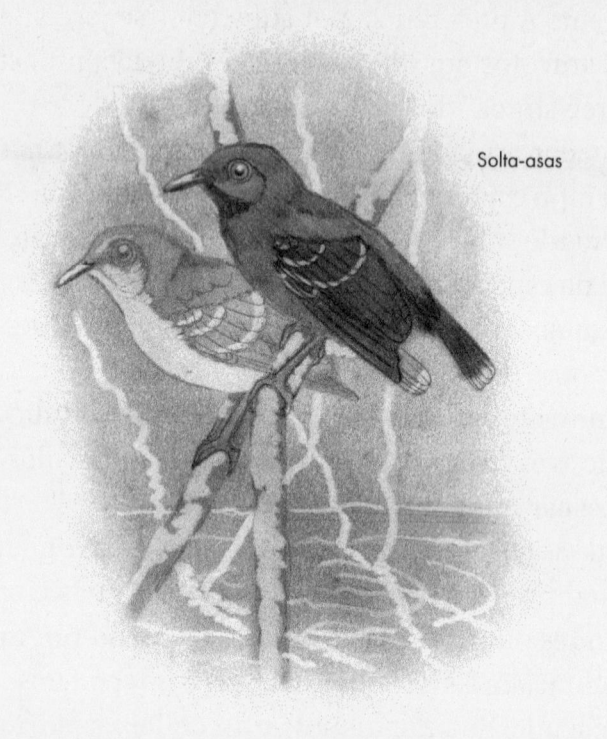

Solta-asas

As cinco espécies do gênero *Myrmoborus* têm preferência pela folhagem verde de arbustos e arvoretas quando estão caçando. Exploram também a superfície de galhos e até a serapilheira, especialmente quando estão seguindo exércitos de formigas. Contudo, cada qual ocupa um ambiente distinto na região amazônica. O formigueiro-de-cara-preta (*Myrmoborus myotherinus*) defende territórios relativamente pequenos, nas florestas de terra firme. O papa-formiga-de-sobrancelha (*Myrmoborus leucophrys*) prefere as florestas de várzea e capoeiras com emaranhados de cipós. A terceira espécie, o formigueiro-liso-do-Pará (*Myrmoborus lugubris*), substitui seus parentes anteriores nas florestas de ilhas dos rios Negro, Madeira e Amazonas. Um pouco ao norte, podemos encontrar o formigueiro-liso-do-rio-negro (*Myrmoborus stictopterus*), um morador das matas de igapó e várzea dos rios Negro e Branco. Nas florestas acreanas, ricas em bambuzais do gênero Guadua, vive o formigueiro-do-bambu (*Myrmoborus lophotes*). Ele é especialista nesse tipo de ambiente, capturando suas presas nos colmos e na folhagem dos bambus. Os formigueiros *Myrmoborus* podem ser diferenciados através de pequenos detalhes da plumagem e do canto.

Os pequenos *Hylophylax*, com cerca de 10 a 12 centímetros de comprimento e até 14 gramas de peso, diferem das espécies anteriores pela maior habilidade de realizar acrobacias e manobras ligeiras durante as caçadas, e também por gastarem mais tempo seguindo formigas de correição e bandos mistos de aves.

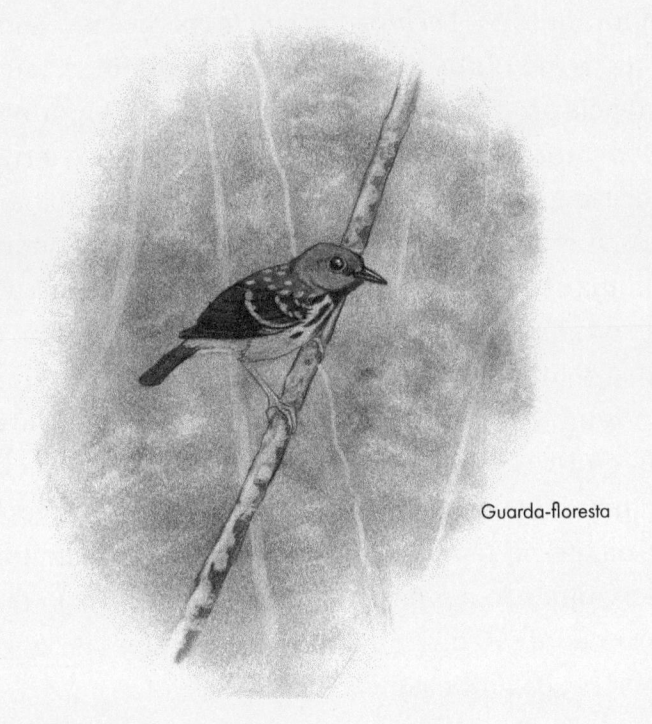

Guarda-floresta

Nas florestas de terra firme do Parque Nacional da Amazônia, vive o guarda-floresta (*Hylophylax naevius*), um pássaro muito pequeno, de cabeça cinzenta, garganta preta e ventre alvo, com estrias negras verticais. Sua habilidade em usar poleiros verticais de arvoretas, como postos de observação, chama a atenção. A segunda parte do plano de caça é executada através de saltos ou voos curtos em direção a pequenos insetos que habitam a folhagem.

O guarda-várzea (*Hylophylax punctulatus*), como seu próprio nome sugere, é um morador das florestas de várzea e igapó de muitos lugares da Amazônia. Pelo fato de apresentar extrema semelhança (morfológica e comportamental) com o guarda-floresta, ele deve utilizar as mesmas estratégias de caça para sobreviver. Porém, os pequenos e ágeis *Hylophylax* evitam competir entre si por recursos alimentares, através da ocupação prioritária de diferentes ambientes da Amazônia.

A tovaquinha (*Dichrozona cincta*) parece um "elo perdido" dentre os membros da família Thamnophilidae, tanto por sua aparência bizarra como por seu autêntico comportamento. Ela vive solitariamente ou aos pares, em florestas de terra firme, ao sul do rio Amazonas. Pouco compete com seus parentes anteriores, meramente pelo fato de ser um pássaro semiterrícola. Caminha cautelosamente, com suas pernas altas e cauda curta, tanto no solo como sobre galhos horizontais de fino diâmetro, enquanto observa a vida de pequenos seres da serapilheira. Com seu bico comprido e fino captura baratas, larvas e aranhas, entre as folhas mortas do solo. Durante a caçada, lança mão tanto de voos curtos como de corridas apressadas. Nas florestas do rio Tapajós, observei a tovaquinha caminhando no solo e virando folhas da serapilheira com o bico, para desalojar e surpreender pequenos seres que habitam as concavidades sombrias dos limbos retorcidos.

Mais robusto que seus parentes anteriores, com 27 gramas de peso, o papa-formiga-do-igarapé (*Sclateria naevia*) vive em quase toda a Amazônia brasileira, ostentando uma plumagem cinzenta com as asas pontilhadas de branco e as pernas rosadas. Caminha ou salta sobre galhos horizontais de áreas encharcadas da beira de rios e igarapés, de modo a observar as presas que pululam na serapilheira misturada com lama. Com seu bico pontiagudo, captura suas vítimas. Pode ser encontrado nos mesmos ambientes do solta-asa; porém, pouco compete com ele, devido à sua preferência por presas mais gordas e pesadas. Seu canto, uma sequência de pios ascendentes no começo e descendentes na segunda parte, serve para alertar seus concorrentes, bem como para manter sua parceira por perto. O papa-formiga-do-igarapé faz seu ninho dentro de troncos mortos na beira da água, um nicho raramente ocupado por outros pássaros.

Habitando as margens de igarapés sombrios, dentro da mata virgem, o formigueiro-de-asa-pintada (*Schistocichla-Myrmelastes leucostigma*) lembra a espécie anterior, em suas medidas corporais e plumagem. Além disso, também aprecia pular sobre raízes e galhos horizontais para vigiar a serapilheira abaixo de seus pés. Porém, esse par de curiosos do sub-bosque pouco se encontra, por viverem em ambientes muito distintos.

No antigo gênero *Myrmeciza* — desmembrado atualmente em vários gêneros, como *Akletos*, *Sciaphylax*, *Myrmelastes* e *Hafferia* —, podemos notar diferenças com relação à ocupação de ambientes, pelos diferentes formigueiros saltitantes. Todos são pássaros de corpo compacto, cauda relativamente longa e olhos grandes, com pouco menos de um palmo de comprimento. A maioria das espécies é semiterrícola, com hábito de saltitar na ramaria baixa e no solo, geralmente até 2 ou 3 metros de altura.

Na década de 1990, aprendi bastante sobre esse grupo de pássaros na região do alto rio Juruá, quase junto à fronteira com o Peru, onde existe um mosaico de ambientes, desde a calha do rio até os espigões que abrigam florestas de terra firme. Nessa isolada região, registrei cerca de cinco espécies de formigueiros saltitantes.

O macho de cor negra do formigueiro-de-goeldi (*Akletos goeldii*) emite seu canto de guerra nas primeiras horas do dia, dentro de bambuzais às margens do rio e também em florestas de transição entre a várzea e a terra firme. Além de coletar pequenas presas na folhagem e no colmo dos bambus, frequenta arbustos e até o solo, para apanhar insetos e aranhas em meio à serapilheira.

O formigueiro-de-cauda-castanha (*Sciaphylax hemimelaena*) também habita as matas de várzea e transicionais, de solos sazonalmente inundados, mas difere da espécie anterior pela preferência por clareiras naturais, com marantáceas de folhas grandes e helicônias de flores vermelhas. Devido ao bico fino e ao porte pequeno, com apenas 12 centímetros de comprimento, o formigueiro-de-cauda-castanha tem predileção por besouros miúdos, percevejos e larvas de borboletas.

Nas florestas de várzea, junto ao rio Juruá, podemos encontrar, também, casais do formigueiro-chumbo (*Myrmelastes hyperythrus*). O macho tem uma plumagem interessante, com o ventre cinza-escuro, asas negras com nódoas brancas e uma região de pele nua, de cor azulada, em torno dos olhos. A fêmea tem o ventre acanelado e as costas, cinzentas.

O formigueiro-chumbo saltita na serapilheira e sobre galhos baixos de lianas, em busca de besouros, aranhas e até caracóis. Pelo fato de possuir corpo mais pesado e bico forte, as presas capturadas no sub-bosque são quase sempre mais robustas do que as tomadas pela espécie anterior.

O formigueiro-de-taoca (*Hafferia fortis*) vive afastado dos outros formigueiros saltitantes, habitando as florestas de terra firme dos espigões. Além disso, tem o hábito de seguir ocasionalmente formigas de correição ou taocas, caçando com frequência no solo e na ramaria baixa. Persegue baratas, bichos-pau, besouros e gafanhotos, que são afugentados pelo batalhão de taocas assassinas.

Nas capoeiras ensolaradas e matas de solo arenoso, com frequência longe das águas do rio Juruá, vive o formigueiro-de-peito-preto (*Myrmophylax atrothorax*). A despeito de seu tamanho modesto, com apenas 14 centímetros de comprimento, o macho é um exímio cantador e ferrenho defensor de seu território. Ao menor sinal de perigo, entoa chamados rascantes e um canto de guerra, para inibir potenciais rivais. A fêmea quase sempre acompanha seu parceiro nas andanças dentro de brenhas ricas em samambaias, arbustos e trepadeiras. Como a maior parte dos outros formigueiros saltitantes, o casal raramente acompanha bandos mistos de aves e formigas de correição.

Seguidores profissionais de formigas de correição

Os seguidores profissionais de formigas de correição chegaram até um tipo de especialização inusitado. De certo modo, poderiam ser considerados como a "elite" das aves insetívoras neotropicais, pelo menos em termos de especialização. Alguns membros dessa legião poderiam até ser incluídos na turma de tamnofilídeos do sub-bosque da seção anterior, caso não fossem tão especializados e também não dependessem tanto das formigas para sobreviver.

Pode soar estranho, mas quase todos os seguidores profissionais morreriam se um dia as taocas desaparecessem por algum motivo. Por isso, esses seguidores podem pagar um preço alto pela sua "arriscada escolha". De fato, pesquisadores têm demonstrado que, em florestas demasiadamente perturbadas pelo homem, esse grupo de aves tende a desaparecer com o tempo, devido à progressiva escassez de formigas de correição.

Contudo, as aves que seguem formigas de correição não costumam se interessar propriamente pelas formigas, e sim pelas presas que elas afugentam. Antes de conhecermos os seguidores profissionais, julgo ser conveniente que o leitor saiba um pouco mais sobre a rotina das formigas de correição.

Primeiramente, é preciso ter em mente que existem muitos tipos de formigas na região Neotropical, mas apenas as formigas dos gêneros *Eciton* e *Labidus*, conhecidas como taocas ou formigas de correição, exercem um "fascínio" sobre as aves. As abundantes formigas-cortadeiras, que vivem em fileiras organizadas, levando nas mandíbulas pedaços de folhas ou flores para seus esconderijos, bem como a legião de formigas que segue hemípteros sugadores de seiva, pouco interessam às aves.

A rotina das formigas de correição é muito interessante, e nos faz compreender "como", "por que" e mesmo "quando" as aves se associam a elas. Há um ciclo de vida bem definido em que, durante cerca de duas semanas, as taocas tornam-se nômades, estacionando, a cada noite, em um novo local e, consequentemente, caçando em um trecho ainda inexplorado da mata durante o dia. Logo depois, as taocas entram em uma fase estacionária durante três semanas ou um pouco mais. Nesse período, muitas formigas permanecem dentro do ninho para proteger a rainha, enquanto a matriarca põe milhares de ovos. Basicamente, as taocas se diferenciam de outros tipos de formigas por não terem ninhos fixos e serem dotadas de comportamentos predatórios.

Os pássaros, incluindo seguidores ocasionais e profissionais, beneficiam-se principalmente das presas atormentadas pelas taocas, que emergem do solo e da vegetação rasteira durante a fase nômade. É bem provável que muitos seguidores profissionais memorizem as rotas e o local de diferentes tropas e/ou ninhos de taocas que apresentam fases distintas do ciclo de vida, de modo a revezar suas atividades de forrageamento junto às taocas mais ativas.

Os verdadeiros seguidores profissionais de taocas existem somente na região amazônica, pertencendo principalmente às famílias Thamnophilidae e Formicariidae. São basicamente pássaros dos gêneros *Rhegmatorhina*, *Gymnopithys*, *Phlegopsis*, *Willisornis* e *Pithys*. Vimos anteriormente, entre os andarilhos e amantes do sub-bosque, vários exemplos de pássaros que seguem ocasionalmente as taocas, sem, contudo, dependerem exclusivamente delas para obter alimento.

Grande parte das minhas observações de seguidores profissionais de taocas ocorreu nas florestas do alto rio Negro, ao redor da pacata cidade de São Gabriel da Cachoeira. Nessa região é possível explorar, com facilidade, as duas margens do rio, habitadas curiosamente por espécies distintas de alguns gêneros, como *Gymnopithys* e *Phlegopsis*.

Lembro-me de um caloroso episódio de correição que assisti na margem oposta à cidade de São Gabriel da Cachoeira, em uma manhã quente e seca do mês de agosto de 2000. Os detalhes de quase todo o percurso foram registrados em uma caderneta de campo que guardo até hoje. Para chegar até o local das taocas, tivemos que acordar cedo e embarcar em um pequeno barco a motor que parecia frágil demais para vencer uma impiedosa sequência de corredeiras do rio. Bem verdade que nos divertimos durante a travessia, vendo as andorinhas-de-coleira (*Pygochelidon melanoleuca*) voando rente à furiosa correnteza.

Pouco depois de vinte minutos, quando deixamos para trás o leito largo do rio Negro, o piloto José teve de diminuir o ímpeto, desligando o motor e usando meramente o remo para passarmos entre os galhos de árvores de uma floresta afogada em águas. Estávamos em um ambiente conhecido como mata de igapó. Quase todas as árvores por aqui são adaptadas para viver a maior parte do ano com seus troncos meio submersos na água negra do rio.

Curiosamente, navegávamos em meio a um labirinto de galhos e folhas que, na verdade, eram as copas de muitas árvores da floresta. Tal situação nos concedeu boas chances de observar de perto algumas aves que passam a maior parte de suas vidas nesse ambiente. Um casal de chocas-pretas-e-cinzas (*Thamnophilus nigrocinereus*) empenhava-se em pegar pequenos insetos, que rondavam as flores de um ingá de tronco e galhos tortuosos. Esse tipo de pássaro negro com as bordas das asas brancas ocorre principalmente nas florestas de igapó situadas ao norte do rio Amazonas.

Na mesma área, um macho do rabo-de-arame (*Pipra filicauda*) exibia sua bela plumagem amarela com a cabeça vermelha. Ele vive em um tipo de "clube de dança", reunião da qual geralmente apenas os machos participam. Em certa época do ano, as fêmeas rondam tais cerimônias para escolher os dançarinos mais elegantes e habilidosos.

O rabo-de-arame ocorre a oeste dos rios Negro e Purus, compondo uma superespécie, juntamente com outras duas espécies-irmãs (*Pipra aureola* e *Pipra fasciicauda*). Isso significa que todas elas se assemelham bastante em suas plumagens e até nos rituais exibidos pelos machos; porém, nunca vivendo lado a lado. Na verdade, as três espécies habitam florestas de solos alagados em diferentes setores da Amazônia. As danças incluem muitos truques em comum, como "sapateados", eriçamento das asas, voos rasantes e até um ruído mecânico, produzido pelas penas endurecidas das asas.

Antes de chegarmos a um pequeno ancoradouro, conseguimos avistar, de longe, outro morador do igapó: o pica-pau-amarelo (*Celeus flavus*). Ele é o representante de seu gênero mais relacionado às florestas de solo alagado. As demais espécies costumam viver em outros tipos de florestas.

No começo, íngreme e um pouco escorregadia, a trilha na margem direita do rio era cercada por alguns arbustos baixos das famílias Rubiaceae e Melastomataceae, bem como por helicônias de flores vermelhas. Nesse ambiente, escutamos o canto de um chororó-escuro (*Cercomacroides tyrannina*). Logo depois, notei que o casal defendia seu pequeno território no ambiente de transição, de solo sazonalmente alagado, entre o igapó e a floresta de terra firme. Eles caçam insetos nas brenhas da vegetação baixa, onde outras poucas aves vivem regularmente.

Depois de passarmos por um roçado de mandioca, a trilha adentrou uma floresta alta que abrigava um igarapé quase seco, onde descobrimos uma ariramba-de-bico-amarelo (*Galbula albirostris*). Trata-se de um pássaro de índole pacata, com a coroa purpúrea dotada de um brilho acobreado, que contrasta com o bico amarelo e as partes inferiores ferrugíneas. Sentada em um galho horizontal de liana, a cerca de 2 metros de altura, ela movia a cabeça de um lado para o outro, parecendo espreitar libélulas coloridas que viajavam acima de poças de água.

Um pouco à frente, quando a floresta se tornou um tanto baixa e o solo argiloso foi substituído por uma capa de areia, encontramos um pequeno pássaro de hábito estranho, no pé de um arbusto: o bico-assovelado-de-coleira (*Microbates collaris*). Com cerca de 10 centímetros de comprimento, cauda curta e bico comprido, o pássaro subia e descia pelos caules de arbustos à procura de insetos. Entre dois caules vizinhos, pulou no solo para bicar algo na serapilheira.

Logo depois, alguns cantos se misturavam dentro da floresta, uma orquestra matutina capaz de empolgar qualquer observador de aves. Um deles me chamou a atenção pela musicalidade tão peculiar. Cerca de três notas introdutórias quase idênticas eram seguidas de outras quatro mais ligeiras e enfáticas, de timbre áspero. Usei meu gravador para capturar o som e reproduzi-lo imediatamente. Uma ave cinzenta de asas pretas e pontilhadas de branco surgiu quase imediatamente no estrato médio da floresta. Era uma choca-pintada (*Megastictus margaritatus*). Na época, poucos ornitólogos conheciam o canto dessa ave. Outra cantiga que despertou minha curiosidade foi a do enferrujadinho (*Neopipo cinnamomea*): uma longa sequência de notas límpidas e razoavelmente espaçadas, seguidas por outras, mais baixas e descendentes.

Levamos algum tempo para descobrir o enferrujadinho, então pousado em um galho suavemente inclinado no meio da mata. Na época, ele ainda pertencia à família Pipridae, a mesma dos dançarinos de plumagem colorida e dieta baseada em frutos. Porém, estudos recentes têm revelado que o enferrujadinho tem mais afinidades com os patinhos da família Platyrinchidae. De fato, ele compartilha com esses últimos uma modesta crista amarela e o peito de coloração acanelada. Além disso, não costuma se interessar por frutos, e sim por insetos.

Um pouco mais adiante, uma ponte estreita, de ripas de madeira, nos auxiliou a atravessar uma depressão de solo arenoso. Na verdade, esse tipo de construção é feita pelos índios Baré, que cultivam mandioca brava (maniva) e outras plantas, em roçados abertos em terra firme.

Finalmente, achamos uma coluna estreita de formigas de correição, pertencentes ao gênero *Eciton*, com barriga amarela, que atravessava a trilha timidamente. Eu sabia que, se caminhássemos para dentro da mata, teríamos chance de encontrar o "núcleo" do batalhão — e, muito provavelmente, os pássaros que são seguidores profissionais. Decidimos caminhar para o lado direito, na direção do rio, onde o sub-bosque estava um pouco mais aberto e repleto de arvoretas baixas entre algumas árvores gigantescas, como a jarana, do gênero *Lecythis*. Quando peguei do chão um de seus frutos, cápsula grande e lenhosa com várias castanhas, comecei a entender por que o guia José havia dito que as florestas do rio Negro têm muitos tipos de castanheiras.

Cerca de 30 metros para dentro da mata, notei que as formigas pareciam esquadrinhar toda a área. À curta distância, meus olhos foram iludidos por uma estranha sensação de que o chão da floresta estava se movendo lentamente. Débeis estalidos, que podiam ser ouvidos por toda parte, eram quase certamente produzidos por gafanhotos, baratas e outros insetos que tentavam fugir da frente de caçada. Uma aranha que almejava escapar foi assediada por uma bola pulsante de formigas. O ataque em massa é uma tática que as operárias e os soldados utilizam para imobilizar e matar insetos — e até animais maiores, como escorpiões e pequenos sapos.

Continuando a nossa ronda, finalmente avistei um dos seguidores de formigas mais emblemáticos da Amazônia: o papa-formiga-de-topete (*Pithys albifrons*). Com 11 centímetros de comprimento e 20 gramas de peso, ele tem uma plumagem quase psicodélica, onde um extravagante topete branco contrasta com as partes inferiores, de coloração canela.

Utilizando caules verticais de arvoretas como postos de observação, o papa-formiga-de-topete mantinha-se bem acima das formigas, de modo a escolher o melhor momento para capturar uma vítima apetitosa. Repentinamente, ele saltou até o solo, retornando com um inseto marrom em seu bico. Como outros seguidores profissionais, sua cauda exibia movimentos singulares, sendo batida lentamente para baixo e, então, erguendo-se bruscamente.

Papa-formiga-
-de-topete

As fileiras de taocas costumam servir verdadeiros banquetes para as aves, pelo mero fato de evidenciar insetos e outros artrópodes que, a princípio, estariam escondidos por baixo de folhas da serapilheira ou na base de troncos mortos. Essa dinâmica parece ter sido suficiente, através do tempo evolutivo, para criar um dos vínculos mais intrigantes entre dois tipos de animais em toda a região Neotropical.

Um canto com seis notas penetrantes, de timbre quase metálico, cortou o ar saturado de umidade do sub-bosque. Era uma mãe-de-taoca-cristada (*Rhegmatorhina cristata*), espécie que praticamente só pode ser encontrada nas florestas do rio Negro. Seu nome vulgar é muito sugestivo, denotando sua extrema associação com as formigas taocas. Agachado atrás de um tronco, com as colunas de formigas a minha volta, eu não gostaria de ser visto pelo pássaro, pelo menos até preencher uma página de minha caderneta com alguns de seus truques para angariar alimento.

A mãe-de-taoca-cristada tem uma aparência um tanto bizarra, com uma máscara de cor negra que cerca uma grande mancha periorbital de pele nua, de coloração cinza-azulada. As partes inferiores são ruivas e o manto, olived.

A tática alimentar exibida pela mãe-de-taoca-cristada parecia, pelo menos a princípio, a mesma de seu parceiro de profissão de topete alvo. Pousando, meio de lado, em poleiros verticais, ela verificava os acontecimentos da serapilheira, até saltar ao solo para abater as presas. Uma adaptação *sui generis* apresentada por grande parte dos pássaros que seguem formigas é a habilidade de se empoleirar em galhos verticais. O pé de baixo é alongado, enquanto o pé de cima é retraído, possibilitando que a ave fique atravessada no poleiro. Os dedos superiores do pé inferior ficam juntos para manter o pássaro no poleiro, enquanto papilas adesivas na sola do pé aumentam a estabilidade.

Os movimentos característicos da cauda, sempre mantida aberta, em forma de leque, logo me chamaram a atenção. Ela era lentamente movida para baixo e, então, repentinamente para cima, ao modo do papa-formiga-de-topete. As asas da mãe-de-taoca-cristada eram mantidas ligeiramente abertas, unindo-se à larga cauda e formando um tipo de escudo, provavelmente usado para cercar as presas quando a ave aterrissava no solo.

A circulação frenética das aves, acima do exército de taocas, bem como seus chamados de alarme, de timbre rascante e assombroso, tornavam o ambiente tenso. Alguns comboios marrons de formigas serpenteavam pelas folhas mortas da serapilheira, enquanto outros subiam pelos troncos de árvores e através da folhagem de arbustos. As formigas vasculhavam todos os cantos da floresta.

Uma mãe-de-taoca-bochechuda (*Gymnopithys leucaspis*) parecia ter chegado recentemente ao banquete. As marcas mais notáveis de sua plumagem são o manto marrom, o ventre branco e uma máscara de pele nua de cor azul em torno dos olhos. Ao modo de seus companheiros de profissão, ela mostrou extrema habilidade para usar caules delgados de arvoretas como poleiros de espreita. Anotei em minha caderneta que o novo membro da equipe procurou manter certa distância dos outros, uma "regra" que parecia beneficiar todos os participantes.

Mãe-de-taoca-
-bochechuda

Curiosamente, a mãe-de-taoca-bochechuda é substituída, na margem oposta do rio Negro, por uma congênere de hábitos muito semelhantes: a mãe-de-taoca-de-garganta-vermelha (*Gymnopithys rufigula*). Esse fato demonstra claramente outro aspecto da vida dos seguidores profissionais de taocas: o limitado poder de voo. Isso deve ter contribuído para o processo de especiação. Regredindo no tempo, imaginemos que um suposto ancestral tivesse vivido nas duas margens do rio, outrora conectadas por alguns tipos de "pontes". À medida que a calha do rio tornou-se uma barreira intransponível, com o desaparecimento das "pontes", as duas populações de *Gymnopithys* perderam o contato e alcançaram o status de espécie, devido ao isolamento reprodutivo.

Atualmente, é possível ver diversas espécies de aves atravessando a calha do rio Negro bem à frente da cidade de São Gabriel da Cachoeira, desde japus, andorinhas e papagaios até grupos de pequeninas saíras coloridas. Mas isso jamais acontecerá com os seguidores profissionais de formigas, que usam seu poder de voo meramente para capturar presas muito próximas de seus olhos.

Um pouco mais afastados do núcleo das taocas, dois rendadinhos (*Willisornis poecilinotus*) inspecionavam a folhagem de arvoretas, enquanto pousados, de banda, em um poleiro inclinado. Com 12 centímetros de comprimento, eles são seguidores profissionais um pouco menores que as mães-de-taocas, evitando contato direto com elas, no solo. Desse modo, a rotina dos rendadinhos tem certas particularidades. Eles agem quase sempre afastados de outros seguidores, coletando suas presas no caule e na folhagem de arbustos, e apenas eventualmente saltando ao solo. Essa é uma conveniente "regra de boa vizinhança".

É claro que, através do tempo, os seguidores profissionais de taocas criaram suas próprias estratégias de caça, assim como "regras de convivência" que, durante a atividade de forrageio, supostamente beneficiariam todos. Alguns comportamentos são compartilhados por espécies de parentesco mais próximo, que possuem aparência e tamanhos similares. Esse é o caso das mães-de-taocas dos gêneros *Rhegmatorhina* e *Gymnopithys*.

Depois de quase duas horas de observação, decidimos voltar para a trilha. Eu havia angariado, em minha caderneta, boas notas sobre as interações entre as taocas e as aves. A última delas registrou o encontro com um arapaçu-da-taoca (*Dendrocincla merula*) em um setor do comboio de formigas pouco cobiçado pelos pássaros. Agarrado a um tronco grosso de árvore, a pouco mais de 1 metro de altura, o pássaro marrom olhava cuidadosamente para baixo. Repentinamente capturou, com um voo certeiro, um pequeno lagarto que subia apressado pelas raízes da árvore. Esse acontecimento me fez imaginar que as formigas não incomodavam apenas os insetos e outros artrópodes, mas também pequenos vertebrados.

Durante a caminhada de retorno ao barco, já no meio do dia, a floresta parecia completamente deserta. Ouvimos, de vez em quando, o canto da choca-murina (*Thamnophilus murinus*), uma caçadora de insetos do estrato médio da mata, que costuma cantarolar nas horas quentes do dia. As notas da cantiga têm um tom nasal quase inconfundível.

Um pouco antes de chegar ao pequeno ancoradouro, observamos um beija-flor-tesoura-verde (*Thalurania furcata*) librando diante da flor de uma rubiácea da espécie *Palicourea tomentosa*. As brácteas vermelhas de aparência carnosa que cercam as flores dessa arvoreta são o motivo de seu nome popular: lábios de prostituta. Seduzidos, a princípio, pela cor vermelha, os beija-flores coletam o néctar dentro de flores pequenas de cor amarela que ficam entre os "lábios" da inflorescência.

Estranhos insetívoros do sub-bosque

Vimos, nas seções anteriores, como a legião de pássaros da família Thamnophilidae age para capturar insetos no sub-bosque das florestas amazônicas. Já sabemos que a divisão de recursos entre as espécies dessa vasta família é baseada não apenas na escolha por diferentes micro-hábitats e ambientes florestais, mas também na predileção por substratos específicos onde as presas são capturadas — e até na especialização em seguir formigas de correição.

Contudo, existem muitos outros pássaros insetívoros que também são exclusivos do primeiro andar da floresta, especialmente entre o solo e a cota de 1,5 m de altura. Confesso que muitos deles me causam estranheza até hoje, seja pelo formato bizarro do corpo, pelo modo de percorrer a floresta ou pela estratégia de buscar alimento. Contudo, tais "geringonças" parecem perfeitamente adaptadas às condições específicas de diferentes tipos de sub-bosque.

A vida nesse particular universo requer determinadas adaptações gerais que minimizam o "sacrifício" da rotina em um ambiente sombrio e, por outro lado, otimizam a conquista de territórios e a obtenção de alimento.

Vejamos o caso dos uirapurus e garrinchões da pequena família Troglodytidae. Todos são pássaros pequenos, atarracados e quase sempre furtivos, geralmente de árdua detecção nas florestas da Amazônia. Ademais, seus cantos são misteriosos e, às vezes, até engraçados. Curiosamente, eles são parentes da popular cambaxirra (*Troglodytes musculus*), pequeno pássaro que costuma passear em quase qualquer jardim do Brasil.

Nas florestas em torno da cidade de Presidente Figueiredo, ao norte de Manaus, encontrei o uirapuru-de-peito-branco (*Henicorhina leucosticta*) em um ambiente cavernoso, com muitos cipós e gravetos entrelaçados, intercalados com folhedos podres pendurados por toda parte. O pequeno pássaro de cauda curta, cabeça grande e barriga bojuda usava galhos delgados, tanto verticais como horizontais, em seu trajeto pelo sub-bosque. Com o bico fino e ligeiramente curvo, coletou uma aranha dentro de uma folha morta, com limbo retorcido. Depois, voou até o solo para capturar algo entre as folhas da serapilheira. O uirapuru-de-peito-branco assinalava seu território na mata escura com um gorjeio rápido, enquanto levantava a cabeça para cima e exibia a cor branca do ventre.

Na mesma região, o uirapuru-de-asa-branca (*Microcerculus bambla*) entoa, nas primeiras horas da manhã, uma cantiga quase sem igual no mundo das aves neotropicais. O canto começa com pios idênticos entre si, repetidos a razoáveis intervalos, e, depois, tornam-se rápidos e contemplativos. Novas escalas são produzidas a determinados intervalos, dando a impressão de que o canto nunca vai acabar. O pássaro tem apenas 10 centímetros de comprimento e plumagem escura, que contrasta com uma banda branca sobre as asas e o dorso. Pés grandes, cauda curta e bico pontiagudo são apetrechos que facilitam tanto o deslocamento no sub-bosque como a captura de presas na folhagem e em troncos podres. É quase certo que o uirapuru-de-asa-branca é uma das poucas aves de sua família que explora, com alguma regularidade, as cavidades de troncos caídos no solo da floresta.

A imensa calha do rio Amazonas separa a espécie anterior do uirapuru-veado (*Microcerculus marginatus*). Semelhantes em diversos aspectos de suas vidas, esse par de uirapurus certamente descende de um ancestral comum que possivelmente habitava, há milhares de anos, uma região ampla da Amazônia. Ao modo dos pássaros seguidores de taocas, os uirapurus possuem limitado poder de voo; um fator que certamente facilitou o isolamento reprodutivo das duas populações (setentrional e meridional) assim que o grande rio, em seu esplendor, estabeleceu uma intransponível barreira natural.

O uirapuru-da-guiana (*Cyphorhinus arada*) pousa em galhos baixos da floresta para emitir uma cantiga exuberante, composta de uma série de frases curtas com fundo ventríloquo que lembra o som de uma flauta. Ele possui o bico mais grosso do que o bico dos uirapurus *Microcerculus*, um instrumento adequado para coletar presas parrudas como grandes besouros, opiliões, aranhas e bichos-pau.

Uirapuru-da-guiana

Os garrinchões dos gêneros *Pheugopedius* e *Cantorchilus* (outrora pertencentes ao gênero *Thryothorus*) são maiores e mais pesados que os uirapurus, chegando a medir quase 18 centímetros de comprimento. São catadores de insetos do sub-bosque, que podem ultrapassar até 2 metros de altura, em suas andanças; porém, gastam a maior parte do tempo explorando a vegetação imbricada, repleta de folhas mortas e galhos entrelaçados do primeiro andar da floresta. Raramente descem ao solo, como fazem regularmente os uirapurus.

O garrinchão-pai-avô (*Pheugopedius genibarbis*) é o representante das bordas de matas ensolaradas da porção meridional da Amazônia. O traço mais marcante de sua plumagem, que o difere de outras espécies-irmãs, é uma larga estria malar negra. Essa característica certamente inspirou os *birdwatchers* ingleses a chamá-lo de "Moustached Wren".

Ao longo da rodovia Transamazônica, dentro dos limites do Parque Nacional da Amazônia, os garrinchões-pai-avô demarcam seus territórios nas bordas de matas com chamados enfáticos, que soam como seu nome vulgar: "pai-avô". Quando desconfiam de supostos vizinhos, ou detectam intrusos, entoam duetos perfeitamente sincronizados. Acredita-se que cada casal tenha sua própria musicalidade, o que reforça os laços conjugais e também evita que sejam ludibriados por falsos pretendentes ou invasores. Em locais de vegetação imbricada, com trepadeiras e uma miscelânea de galhos secos, os casais vasculham qualquer tipo de interstício em busca de pequenos gafanhotos, grilos e besouros. Olhos treinados para caçar à curta distância e bico fino, como uma pinça, são ferramentas que auxiliam na varredura e captura de pequenos seres.

Na mesma região, o garrinchão-de-barriga-vermelha (*Cantorchilus leucotis*) substitui o garrinchão-pai-avô nas florestas ribeirinhas do rio Tapajós e de seus tributários. Em alguns locais, especialmente na interface entre a terra firme e a várzea, ambos podem se encontrar, disputando terreno com seus cantos e chamados possantes.

Além das fronteiras do Parque Nacional da Amazônia, o garrinchão-de-barriga-vermelha pode ser encontrado em muitos lugares da Amazônia brasileira, sempre associado a ambientes com água, incluindo as matas da beira de rios e lagos. Ele costuma conviver, lado a lado, com os solta-asas do gênero *Hypocnemoides*, que possuem semelhante requerimento ecológico. No entanto, esses últimos têm corpos mais leves e hábito de explorar o solo lamacento em busca de insetos, um tipo de comportamento raramente observado em quaisquer garrinchões.

Lembrando os trogloditídeos (uirapurus e garrinchões) em seu aspecto externo, o bico-assovelado-de-coleira (*Microbates collaris*) é um ligeiro catador de insetos da ramaria baixa e do chão. Ele é praticamente o único membro da família Polioptilidae que explora essa faixa da floresta. Seus primos do gênero *Polioptila* são habitantes dos estratos superiores de florestas secas e cerrados.

O bico-assovelado-de-coleira tem um esquisito formato de corpo, com tarsos extraordinariamente longos, cauda curta e um bico quase desproporcional ao seu tamanho. Pulando de galho em galho, com a cauda erguida, ele estica o pescoço e usa o bico pontiagudo para capturar pequenos insetos em quase qualquer nicho do sub-bosque.

Os patinhos do gênero *Platyrinchus*, distribuídos em quase toda a Amazônia, desenvolveram um estilo de corpo autêntico e muito eficiente para viver e se alimentar no sub-bosque. Outrora pertencentes à família Tyrannidae, hoje eles são os principais membros da pequena família Platyrinchidae. Todos possuem corpo atarracado, cabeça e olhos grandes, cauda curta e um bico de aparência *sui generis*, que pode lembrar o de um pato.

Uma das minhas primeiras experiências com um deles ocorreu em 1996, nas florestas de Alta Floresta, norte do estado de

Mato Grosso. Eu caminhava vagarosamente em uma trilha a poucos metros do rio Cristalino, quando escutei os chamados de um patinho-de-coroa-branca (*Platyrinchus platyrhynchos*). O pequeno pássaro, de pouco mais de 10 centímetros de comprimento, estava pousado em um galho inclinado, próximo ao solo. Com meu binóculo, observei a plumagem pouco vistosa, de ventre amarelado e cabeça cinzenta, além de seu bico bizarro e um tanto descomunal. Uma modesta crista alva parecia ser guardada para os momentos nupciais. O pássaro logo mudou de atitude, iniciando sua busca por pequenos habitantes do sub--bosque. Executando um voo curto, o patinho-de-coroa-branca capturou um inseto verde, talvez um percevejo, no limbo de uma folha lustrosa. Logo, outras manobras aéreas sucederam-se, intercaladas com curtos descansos em poleiros horizontais a poucos centímetros do chão da floresta. Relatos na literatura ornitológica indicam que as cigarrinhas de corpo colorido da família Fulgoridae são um de seus petiscos preferidos.

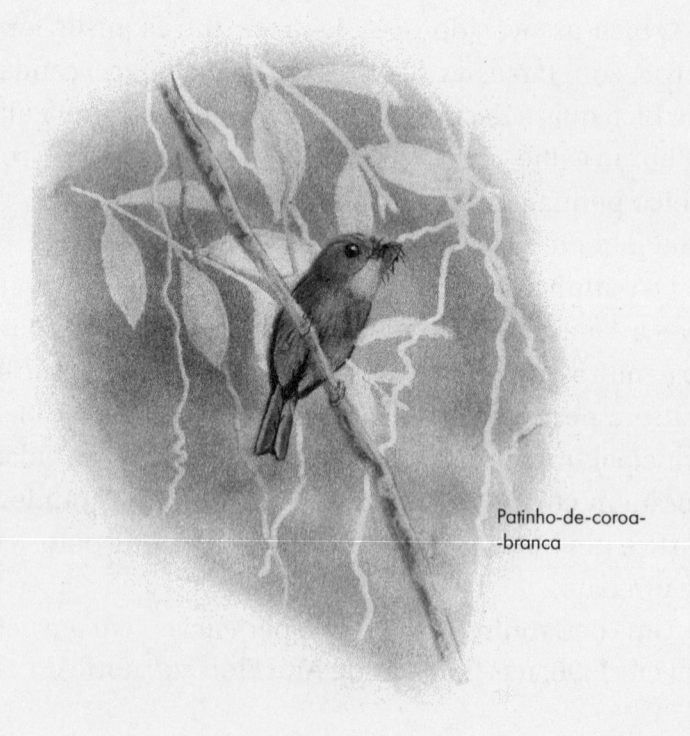

Patinho-de-coroa--branca

No Escudo Guianense e em algumas poucas áreas ao sul do rio Amazonas, vive um dos mais raros membros dessa pequena família: o patinho-escuro (*Platyrinchus saturatus*). Sua aparência e seus métodos de caça são muito semelhantes aos de seu parente de coroa branca.

Os patinhos *Platyrinchus* competem relativamente pouco por alimento com os uirapurus e os bicos-assovelados, principalmente por serem caçadores aéreos e utilizarem quase exclusivamente a folhagem viva de arbustos como substratos de caça. Além disso, o modelo de bico chato e plano dos patinhos sugere que as presas obtidas por eles são, em média, um pouco diferentes daquelas capturadas por outros insetívoros.

Vimos, nesta seção, como os pequenos pássaros insetívoros das famílias Troglodytidae, Polioptilidae e Platyrinchidae procuram e coletam alimento. Foi possível também verificar como eles se segregam ecologicamente no sub-bosque da floresta. Todos possuem adaptações morfológicas muito especiais para esse estilo de vida, mas nem sempre semelhantes, como caudas curtas, olhos grandes e modelos eficientes de bico — desde finos e compridos até planos e largos.

CAPÍTULO 4

Caçadores do estrato médio

O estrato médio pode ser bastante variável, em termos espaciais e estruturais, nos diversos tipos de florestas da região amazônica. Nas florestas de terra firme, em bom estado de conservação, ele será mais amplo e limpo, e com moderada luminosidade. Em uma mata de solo arenoso, notaremos naturalmente o encolhimento do estrato médio, em função de a floresta ser bem mais baixa. Nas florestas de várzea, haverá quase sempre maior densidade de galhos e folhas no estrato médio, em virtude da intensa penetração de raios solares.

Na verdade, tanto nas florestas de terra firme como nas florestas inundáveis (várzeas e igapós) não existe um estrato médio bem definido. Mas, pela definição de ornitólogos e ecólogos, as aves insetívoras do estrato médio vivem em uma zona intermediária entre o sub-bosque e a copa. Dessa forma, essa camada "confortável" da floresta se estende desde 2 ou 3 metros até 20 ou 25 metros de altura. Na terra firme, a amplitude do estrato médio pode chegar até aproximadamente 35 metros.

Em termos de espaço, as aves do estrato médio parecem sair ganhando de suas "vizinhas" do andar térreo (aves andarilhas) e do sub-bosque da floresta. Porém, as espécies do sub-bosque, que passam a maior parte de sua vida entre o solo e 2 metros de altura, possuem adaptações especiais, como vimos anteriormente, para tirar o máximo de proveito de seu ambiente mais "restrito".

Neste capítulo, viajaremos por algumas localidades da Amazônia, em busca dos pássaros que habitam os diferentes tipos de estrato médio. Os catadores de insetos dessa camada florestal pertencem a várias famílias, consequentemente apresentando padrões comportamentais inatos de diversos tipos. Eles evoluíram num ambiente muito complexo, disputando espaço e alimento com outros pássaros e também com uma multidão de diferentes animais — como lagartos, morcegos e macacos.

Papa-moscas e afins — Famílias Rhynchocyclidae/Tyrannidae

A legião de papa-moscas e afins do estrato médio da floresta é representada por pássaros pequenos ou médios, de coloração verdoenga e ventre amarelado. Os bicos podem variar bastante em formato e tamanho, desde finos e pontiagudos até planos e largos.

Todos eles caçam quase exclusivamente com empregos de voos, que podem ter diferentes amplitudes e formatos. Mesmo que a presa esteja muito perto, e diante de seus olhos aguçados, o verdadeiro papa-moscas achará um jeito de pegá-la quase no ápice de seu voo.

Ainda não se conhece exatamente como muitos papa-moscas dividem seus espaços na floresta, mesmo que haja certo consenso entre os ornitólogos de que a altura e a densidade da vegetação têm um peso forte na segregação ecológica. Porém, é preciso ter em mente que pássaros de tamanhos (e pesos) diferentes capturam, provavelmente, presas compatíveis com suas próprias medidas corporais. Além disso, há itens na dieta de alguns deles que nem sempre estão presentes na mesma proporção no cardápio de outros. Nesse contexto, é preciso levar em conta todos esses aspectos para entendermos como cada espécie conquistou seu espaço na floresta.

Uma das regiões onde aprendi muitas coisas sobre o comportamento alimentar de papa-moscas foi a reserva do Instituto Nacional de Pesquisas da Amazônia (INPA), ao norte de Manaus. Uma imensidão de florestas de terra firme e campinaranas na margem esquerda do baixo rio Negro.

Nessa região, as árvores da terra firme são muito altas e concentram a maior parte de suas folhas no terraço da floresta, onde a luz é intensa. Por isso, pode-se observar uma multidão de troncos nus quando olhamos a floresta de baixo para cima. Ocupando muitas lacunas do estrato médio, vemos as folhagens de árvores jovens e uma miríade de cipós de aparência flexível, serpenteando entre troncos enormes. Os cipós parecem ser a "marca registrada" desse tipo de floresta, em virtude de sua abundância. Palmeiras acaules adornam o primeiro andar da mata.

Não costuma ser difícil, por aqui, reconhecer os cipós do antigo gênero *Bauhinia* da família Fabaceae. Grande parte deles tem o caule achatado e peculiarmente ondulado, eventualmente com aparência de uma escada (aspecto responsável por alguns de seus nomes populares, como escada-de-jabuti). Sempre me encantei com o modo de os cipós subirem até desaparecerem de nosso ângulo de visão, misturando-se com a folhagem do dossel. Lá em cima, os cipós produzem folhas, flores e frutos. Outra família de semelhante hábito é a Dilleniaceae, caracterizada por lianas e cipós de troncos cilíndricos, respondendo também pela alta diversidade de plantas escandentes nas terras firmes de Manaus.

Aguçando minha curiosidade, com o binóculo entre as mãos, descobri que muitos troncos e cipós eram habitados por plantas de folhas largas e raízes pendentes: os filodendros. Eles são epífitos que utilizam dois tipos de raízes para sobreviver.

As grampiformes ajudam na fixação a caules de outras plantas, enquanto as raízes aéreas tentam roubar umidade e nutrientes do ar. Filodendros apreciam a vida no sub-bosque ou no estrato médio porque odeiam exposição à luz do sol. Outras plantas que apreciam viver suspensas (mas abaixo do dossel) são as bromélias e os musgos.

Os miniuniversos de filodendros, bromélias e musgos que recobrem os cipós são habitados por formigas e por uma microfauna específica, contribuindo, mesmo que em pequena escala, para a diversidade de insetos da floresta.

Os pequenos pássaros do gênero *Lophotriccus* defendem seus territórios, ao norte de Manaus, com cantos estranhos, geralmente curtos e rascantes, que parecem provir de grandes insetos ou até de anfíbios. Esses sons podem se tornar comuns no primeiro patamar do estrato médio em um dia de primavera, quando os *Lophotriccus* começam a se interessar por conquistar parceiras e construir ninhos. Mas tudo isso não significa que sejam pássaros fáceis de se observar.

A maria-fiteira (*Lophotriccus vitiosus*), com pouco mais de 10 centímetros de comprimento, tem o ventre amarelo, duas barras nas asas e as costas verdoengas. O macho guarda uma crista discreta, geralmente recolhida, para certos momentos de irritação ou, principalmente, para conquistar sua parceira. Passeia com olhos vigilantes pelo estrato médio da floresta de terra firme, sempre à procura de pequenos insetos que estejam pousados no limbo de folhas verdes. Repentinamente voa, para abater a presa.

Muito parecido com a espécie anterior, o sebinho-de-penacho (*Lophotriccus galeatus*) prefere as bordas das florestas de terra firme, aparecendo, às vezes, em matas e savanas com solos de areia (campinaranas). Trata-se de um pássaro com ampla distribuição na Amazônia, tanto ao norte como ao sul do grande rio Amazonas.

Outro pequeno habitante das florestas de terra firme é o ferreirinho-pintado (*Todirostrum pictum*). Ele tem preferência pelas camadas superiores do estrato médio, raramente competindo com os *Lophotriccus* do andar de baixo.

Os *Lophotriccus* e os *Todirostrum* possuem corpos leves, asas curtas de feitio arredondado e bicos relativamente compridos; apetrechos que possibilitam que eles vençam a inércia subitamente e disparem curtos voos de captura, como tiros à queima-roupa. Alguns tipos de insetos que costumam ter ligeiras rotas de movimento e fuga, como moscas e mosquitos, são frequentemente apanhados por esses pequenos pássaros, em virtude da rapidez de suas manobras de ataque.

O papa-moscas-uirapuru (*Terenotriccus erythrurus*) é especializado em capturar pequenas cigarras da superfamília Fulgoroidea, usando variadas técnicas para coletá-las na folhagem e nos caules de árvores do estrato médio. Não são raras as acrobacias aéreas, incluindo voos com adejo, à feição dos colibris. Seu bico é plano e repleto de cerdas, que incrementam o sucesso nas caçadas. Poucos outros papa-moscas exibem tal especialização alimentar.

Um pouco maior do que as espécies anteriores, com quase 13 centímetros de comprimento, o assanhadinho (*Myiobius barbatus*) é inconfundível pela combinação do uropígio amarelo com a cauda comprida e o peito alaranjado. Ele tem uma estratégia de caça *sui generis*, em que abre as asas e mantém a cauda em leque, enquanto executa manobras aéreas rápidas e quase imprevisíveis, para abater pequenos mosquitos e percevejos no ar ou na folhagem verdejante.

O assanhadinho tem o hábito de seguir bandos mistos de aves, onde muitas espécies de comportamentos distintos se agregam na viagem pela floresta. A energia empregada nessa tarefa parece ser recompensada por um banquete de insetos e outros animalejos, que despencam da folhagem e dos troncos, com a passagem do batalhão.

O abre-asa-da-mata (*Mionectes macconnelli*) também tem suas esquisitices, ainda pouco conhecidas pelos ornitólogos. Percorre o sub-bosque e a porção inferior do estrato médio à procura de frutos e pequenas aranhas, que costumam ser coletadas em suas próprias teias. O hábito de levantar as asas ocasionalmente, sem mover-se adiante, ainda merece uma explicação sensata dos ornitólogos. Eu começaria especulando esse gesto como um tipo de estratégia para otimizar seu forrageio. Tais movimentos bruscos poderiam estar relacionados com a tentativa de causar "distúrbios visuais" no ambiente à sua volta, motivando insetos e pequenas aranhas a saírem de sua zona de conforto e moverem-se em rotas de fuga, facilitando, então, a detecção e consequente captura pelo pássaro.

Abre-asa-da-mata

Nas florestas de terra firme ao norte de Manaus, o bico-chato-grande (*Rhynchocyclus olivaceus*) ocupa uma posição mediana na escala de tamanho dos papa-moscas do estrato médio, com cerca de 15 centímetros de comprimento. Olhos grandes e bico largo e plano, cercado por muitas cerdas, são ferramentas muito úteis em seu plano de caça. Mais pesado do que a turma anterior, ele espreita os arredores, enquanto pousado em galhos ou lianas horizontais, até decidir voar para abater lagartas, besouros e outros habitantes da folhagem. Suas presas são quase sempre mais robustas do que as abatidas pelos pequenos pássaros de índole ligeira dos gêneros *Lophotriccus*, *Todirostrum*, *Terenotriccus*, entre outros.

Na região do alto rio Juruá, quase na fronteira com o Peru, existem florestas complexas, que podem ser classificadas genericamente em três fisionomias:

1. floresta de terra firme: nas áreas mais elevadas (espigões) e distantes da calha do rio;
2. mata transicional com palmeiras e bambus: nas áreas de solos sazonalmente inundados;
3. mata de várzea: nas áreas frequentemente inundadas pelas cheias do rio.

Nesses ambientes, encontrei quatro espécies do gênero *Hemitriccus*, todas exploradoras da porção inferior do estrato médio, vivendo mais ou menos entre 3 e 12 metros de altura. A maria-de-barriga-branca (*H. griseipectus*) e a maria-sebinha (*H. minor*) são as representantes das terras firmes e matas transicionais da região. A maria-peruviana (*H. iohannis*) vive nas matas de várzea, repletas de cipós e trepadeiras. Restrita aos bambuzais do sudoeste da Amazônia, a maria-de-peito-marchetado (*H. flammulatus*) quase nunca se encontra com suas parentes da terra firme ou várzea.

Os membros do gênero *Hemitriccus* movem-se em lugares com densa vegetação, capturando suas presas com voos rápidos e ascendentes, quase sempre dirigidos à folhagem de árvores, trepadeiras ou bambus. Demarcam seu território com trinados ásperos, que podem lembrar as vozes de seus primos do gênero *Lophotriccus*. De modo geral, os pássaros *Hemitriccus* conquistaram a floresta através da ocupação de diferentes hábitats, reduzindo, consequentemente, a competição entre eles mesmos e otimizando as atividades de forrageio e nidificação.

No rio Juruá, podemos encontrar certos membros das famílias Rhynchocyclidae/Tyrannidae que ocupam o estrato médio das florestas, um pouco acima dos *Hemitriccus*. Esse é o caso do cabeçudo (*Leptopogon amaurocephalus*), um elegante caçador de insetos, de plumagem marrom e bico fino, que vive nas matas transicionais repletas de palmeiras e bambus. Ele é especialista em seguir bandos mistos de aves, mais ou menos ao modo dos assanhadinhos. Porém, o cabeçudo exibe uma estratégia diferente e muito original: sentando quase imóvel em frondes de palmeiras, ou sobre colmos de bambus, ele aguarda calmamente a passagem de bandos mistos de aves, de modo a capturar besouros e percevejos que são normalmente desalojados pela atividade "anarquista" da equipe. Voa, subitamente, para abater as presas que caem na vegetação, nos arredores de seus postos de observação. De modo a conquistar a simpatia de seus companheiros de viagem, o cabeçudo emite alarmes possantes — "tiiiiiirrrrrr" — quando percebe que algum tipo de predador ou ameaça, como um gavião-mateiro, está rondando a área.

Quase com a mesma paciência do cabeçudo, os membros do gênero *Ramphotrigon* são um tanto solitários e calculistas quando o assunto é obter alimento. O bico-chato-de-rabo-vermelho (*Ramphotrigon ruficauda*), com 17 centímetros de comprimento, pode ser reconhecido pelas asas e cauda ferrugíneas e por um modelo de bico plano e largo. Ele defende seu território no estrato médio das matas de terra firme, sentado em poleiros horizontais, com uma cantiga monótona de duas a três notas chorosas. Aguarda por qualquer movimento na folhagem, durante boa parte do dia, que seja um bom motivo para quebrar sua inércia. Assim, ele preserva sua energia apenas para certos momentos especiais, como a descoberta de uma lagarta caminhante ou de um distraído besouro de corpo apetitoso.

Bico-chato-de--rabo-vermelho

A maria-cabeçuda (*Ramphotrigon megacephalum*) substitui sua parente de terra firme nos bambuzais do gênero *Guadua* das matas transicionais que acompanham o rio Juruá. Ela é especialista nesse tipo de hábitat, raramente sendo encontrada longe dos bambus. Realiza voos para surpreender insetos que pousam rotineiramente sobre os colmos ou nas longilíneas folhas dos bambus. Nesse ambiente, observei outras aves que também passam a maior parte de suas vidas dentro dos bambuzais *Guadua*, como a choquinha-listrada (*Drymophila devillei*) e a rara choca-do-bambu (*Cymbilaimus sanctaemariae*). Porém as chocas vivem abaixo das marias--cabeçudas e, além disso, raramente utilizam voos como método de captura, preferindo investir na agilidade e também na habilidade de se pendurar na vegetação ou de usar poleiros inclinados para buscar suas presas.

A maria-cinza (*Rhytipterna simplex*) também frequenta os bambuzais, porém costuma investir a maior parte de seu tempo nas florestas altas de terra firme. Trata-se de uma ave cinzenta, de quase um palmo de comprimento, que é adepta da estratégia de "sentar e esperar", ao modo dos cabeçudos e marias-cabeçudas. Nas matas e cerradões de solo arenoso da Amazônia Central, a maria-cinza é substituída pelo vissiá-cantor (*Rhytipterna immunda*), que costuma empregar semelhantes táticas de forrageio.

Os capitães e tinguaçus do gênero *Attila* são pássaros da porção superior do estrato médio florestal que habitam ambientes distintos em quase toda a Amazônia. Todos eles possuem corpos robustos, com plumagens acaneladas, e bico comprido, forte e um tanto adunco. Suas dietas são bastante diferenciadas de quaisquer outros pássaros de sua família, incluindo grandes insetos, lagartos e até pererecas. Em certas épocas do ano, sementes ariladas e frutos apetitosos podem fazer parte de seus cardápios.

No alto rio Juruá, o capitão-de-saíra-amarelo (*Attila spadiceus*) demarca seu território em plena terra firme com um canto espetacular: uma sequência de vários assobios sonoros de duas sílabas. Lembro-me de um dia de setembro, em que observei um espécime caçando uma grande borboleta de asas azuis. Após a coleta, a borboleta foi batida contra um galho de modo que o pássaro removesse as asas supostamente tóxicas. Cigarras e até lagartos também fazem parte de sua dieta complexa.

Capitão-de-saíra-
-amarelo

O bate-pára (*Attila bolivianus*), de plumagem acanelada e asas ferrugíneas, raramente se encontra com seu parente de ventre amarelo da terra firme, vivendo quase todo o tempo nas florestas altas, sazonalmente alagadas, que acompanham o rio. É um dos tenores desse setor das matas, emitindo um canto muito alto, composto de várias notas simples, com espaçamento muito peculiar.

O tinguaçu-ferrugem (*Attila cinnamomeus*) também vive nos arredores da calha do rio Juruá; porém, aprecia áreas de florestas baixas de solo alagado, com embaúbas, buritis e outros tipos de palmeiras. Nesse ambiente, ele caça sapos e pererecas, assim como constrói seu ninho em cavidades naturais dos estipes de palmeiras. Alguns pássaros de sua família, que podem viver ao alcance de seus olhos, devido à preferência pelo mesmo hábitat, são a viuvinha (*Colonia colonus*) e o bem-te-vi-de-cabeça-cinza (*Myiozetetes granadensis*). Contudo, o estilo de caçar e a dieta desses vizinhos são muito diferentes de qualquer *Attila*. Eles são caçadores de insetos alados que costumam ser abatidos em pleno espaço aéreo.

Viajando até o Parque Nacional da Amazônia, em terras entre os rios Tapajós e Madeira, encontraremos com facilidade diversas espécies da família Tityridae que moram no estrato médio das florestas. Há cerca de vinte anos, todas elas pertenciam à vasta família Tyrannidae, a mesma que atualmente abarca tinguaçus, bem-te-vis, viuvinhas, entre vários outros. Seus hábitats e comportamentos alimentares, nessa área, espelham, de certo modo, suas "rotinas" em quase todos os outros locais da Amazônia.

Os caneleiros *Pachyramphus* dividem seus espaços na floresta adotando predileções por ambientes específicos, mais ou menos ao modo dos capitães e tinguaçus do gênero *Attila*. Todos são coletores de lagartas da folhagem e consumidores de frutos com sementes envoltas por arilos nutritivos.

O caneleiro-bordado (*Pachyramphus marginatus*) vive a maior parte de sua vida nas porções superiores do estrato médio das florestas de terra firme. Na trilha do Uruá, sobe até as copas, para acompanhar bandos de saíras e outros pássaros onívoros, de modo a otimizar sua busca por frutos e presas. Quando está caçando, o caneleiro-bordado pode usar voos curtos para capturar suas vítimas ou bicá-las diretamente na folhagem.

De aspecto muito semelhante ao da espécie anterior, o caneleiro-preto (*Pachyramphus polychopterus*) prefere as bordas de matas e capoeiras. Além disso, é um dos poucos caneleiros que têm hábitos migratórios, dessa forma, não "incomoda" os seus concorrentes em certas épocas do ano.

O caneleiro-cinzento (*Pachyramphus rufus*) mede 13 centímetros, sendo o menor membro de seu grupo em muitas localidades da Amazônia. O macho pode ser reconhecido por seu chapéu negro e ventre alvacento, enquanto a fêmea tem coloração acanelada. Ao contrário de seus parentes anteriores, ele tem predileção por áreas com árvores esparsas, bordas de rio e até plantações.

O quarto membro da equipe é o caneleirinho-de-garganta-rosada (*Pachyramphus minor*). Ele é bem maior que os outros caneleiros, habitando vários tipos de ambientes, como as florestas de terra firme e a várzea. Nas florestas de terra firme, parece ocupar estratos inferiores aos do caneleiro-bordado. É bem possível que as lagartas e outras presas capturadas pelo caneleirinho-de-garganta-rosada sejam, em média, maiores do que aquelas consumidas por seus parentes.

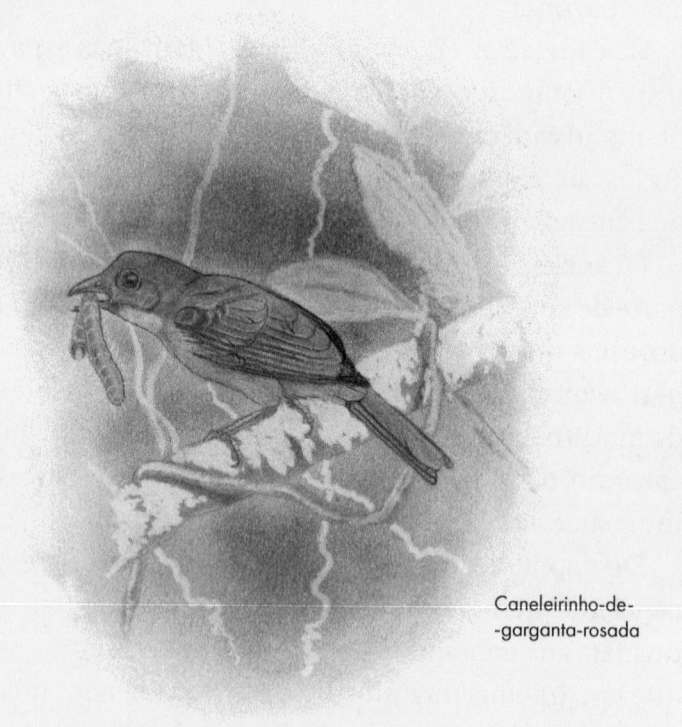

Caneleirinho-de-
-garganta-rosada

Todos os caneleiros constroem ninhos volumosos nas copas das árvores, com fibras vegetais e painas. Porém, cada espécie edifica seu ninho com tamanhos e formatos sutilmente diferentes das outras, além de ter um tipo de suporte muito original. O caneleirinho-de-garganta-rosada pendura sua imensa bolsa na parte terminal dos galhos. O caneleiro-preto assenta sua moradia de tamanho médio sobre galhos grossos de árvores, eventualmente em forquilhas. O caneleiro-cinza, por sua vez, usa suportes mais heterogêneos, como escapos de bromélias e colmos de bambus, para erguer seu ninho globoso com entrada lateral.

Os anambés do gênero *Tityra* são primos dos caneleiros que podem ser encontrados em muitos lugares da Amazônia. Eles apresentam plumagem branca, máscaras ou bonés negros e os machos têm faces avermelhadas. Não gastam seu tempo com a construção de ninhos, aproveitando ocos em troncos de árvores para colocar seus ovos.

O anambé-branco-de-máscara-negra (*Tityra semifasciata*) habita as bordas de matas do Parque Nacional da Amazônia, onde defende seu território com um tipo de canto inconfundível, que pode lembrar o ruído de um velho colchão de molas. Sua dieta é composta de frutos e grandes insetos.

Caneleiros e anambés são pássaros que vivem aos casais, acompanhando bandos mistos de aves ocasionalmente. Os laços conjugais são reforçados por vários tipos de chamados e cantos, quase sempre muito sonoros, que costumam ser emitidos em diferentes estações do ano. Danças de casais (ou até com a participação de mais indivíduos) podem ser observadas, tanto entre os caneleiros como entre os anambés; mas ainda não são muito bem compreendidas. A conquista da floresta por essa turma parece ser baseada na ocupação de diferentes ambientes e estratos florestais, assim como por um sistema complexo de vozes e rituais de acasalamento.

A chorona-cinza (*Laniocera hypopyrra*) é uma misteriosa parente dos caneleiros e anambés. Ela vive solitariamente nas camadas medianas das florestas de terra firme de muitos lugares da Amazônia. Adepta da estratégia de "sentar e esperar" por suas presas, ela utiliza postos de observação promissores, como galhos ou cipós horizontais. Nesse ambiente, parece competir por alimento com certos tiranídeos, como a maria-cinza e o capitão-de-saíra-amarelo, assim como com os caneleiros. Porém, são necessários estudos mais apurados para averiguar melhor os itens de sua dieta.

As famílias Pipridae e Cotingidae são conhecidas por suas plumagens exuberantes e dietas essencialmente frugívoras, em alguns casos com certos tipos de especialização. No entanto, existem algumas poucas espécies que mesclam, em boas quantidades, os itens vegetais com insetos; e é no estrato médio da floresta que a maioria delas passa a maior parte de suas vidas.

Os pequeninos uirapuruzinhos *Tyranneutes*, com apenas 8 centímetros de altura, são habitantes das camadas medianas da mata, onde sentam por longos períodos para cantar e espreitar os arredores. Devido ao formato corporal e também a suas plumagens um tanto esmaecidas, é tentador imaginar que eles sejam um "elo perdido" entre os verdoengos papa-moscas e os coloridos piprídeos.

O uirapuruzinho (*Tyranneutes stolzmanni*) pode ser encontrado dentro das florestas de terra firme ou em áreas de solo sazonalmente encharcado. No Parque Nacional da Amazônia, ele caça pequenas presas e também monitora os frutos de figueiras e melastomatáceas que despontam ao longo do ano, mais ou menos entre 4 e 20 metros de altura. No escudo guianense ele é substituído por um parente muito próximo, cuja ecologia e comportamentos são bastante semelhantes aos seus: o uirapuruzinho-do-norte (*Tyranneutes virescens*).

Uma das aves mais fascinantes do estrato médio das florestas de terra firme é o flautim-marrom (*Schiffornis turdina*). Apesar de atualmente ser incluído na família Tityridae, ele permaneceu por longo tempo junto aos uirapuruzinhos e uirapurus da família Pipridae. Sentado em galhos horizontais de trechos sombrios da mata, ele demarca seu território com uma cantiga de três ou quatro notas, plenamente sonoras. O flautim-marrom figura entre os principais caçadores de lagartas de seu ambiente, mesclando-as com sementes coloridas, como as do caá-pitiú (*Siparuna guianensis*) e das pimentas-de-macaco (*Xylopia* spp.). Existe outra espécie do gênero *Schiffornis*, de dieta igualmente onívora e tamanho muito semelhante ao da anterior, que habita as matas de várzea e igapós com solos sazonalmente encharcados: o flautim-ruivo (*Schiffornis major*). Desse modo, apesar de serem eventualmente registrados em uma mesma região — e, aparentemente, compartilharem quase os mesmos hábitos alimentares —, os dois flautins raramente se encontram.

Os cricriós (*Lipaugus vociferans*) da família Cotingidae são os tenores do estrato médio da floresta. Eles são famosos por terem as vozes mais possantes de toda a Amazônia. Diversos machos escolhem um trecho da floresta para cantar, permanecendo em tal arena durante o ano inteiro. Parece haver certa harmonia e também hierarquia entre os membros dessas agremiações. Tudo bem planejado para atrair as fêmeas, que acabam por escolher os machos dotados de melhores atributos.

Ao longo do dia, os cricriós alternam etapas de cantoria com momentos de "lazer", nos quais cada membro se ocupa de alimentar-se ou arrumar suas plumagens cinzentas. Frutos e insetos fazem parte de suas refeições.

Cricriós

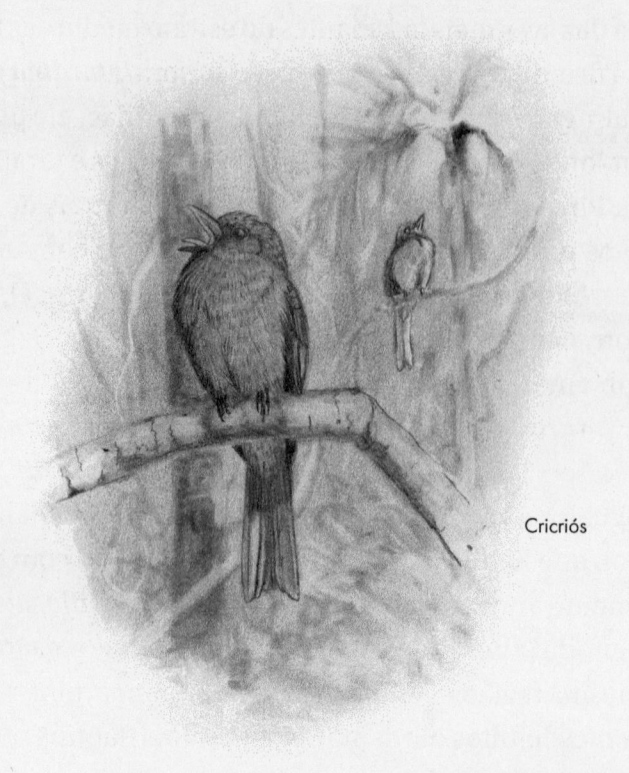

Chocas, papa-formigas e afins:
Família Thamnophilidae

A legião de chocas, papa-formigas e afins que habita o estrato médio da floresta possui tamanho pequeno/médio e plumagens sombrias, com diversos tons de preto e cinza. Os bicos podem variar em dimensão e formato, desde finos e pontiagudos até grossos e aduncos.

As estratégias de forrageio têm pouca coisa em comum com a equipe de *flycatchers* das famílias Rhynchocyclidae e Tyrannidae que vimos anteriormente. De maneira geral, as chocas se deslocam ativamente na ramaria, encurtando a distância entre seus próprios corpos e os substratos-alvo, onde as presas são miradas. Além disso, as chocas e afins são muito versáteis com relação aos substratos-alvo, capturando insetos e outros artrópodes tanto na folhagem viva como na morta, bem como em caules e gravetos de árvores e trepadeiras. Dependendo da espécie, há certa especialização em determinados substratos.

Em capítulos anteriores, vimos que vários membros da família Thamnophilidae figuram entre os principais exploradores de insetos do chão e do sub-bosque das florestas amazônicas. A seguir, conheceremos vários casos, dentro dessa família, de pássaros especializados em capturar presas nas diferentes camadas do estrato médio da floresta.

As chocas dos gêneros *Thamnophilus* e *Sakesphorus* estão entre os pássaros mais emblemáticos da porção mediana das florestas amazônicas, podendo ser encontradas mais ou menos entre 2 e 20 metros de altura. Não costumam ser frequentadoras assíduas de bandos mistos, vivendo a maior parte do tempo em casais, cujos laços conjugais são reforçados tanto pela ocupação de territórios específicos como pela emissão de duetos surpreendentemente sincronizados.

As diferentes chocas *Thamnophilus* possuem requerimentos ecológicos razoavelmente semelhantes entre si, fato que pode explicar por que cada espécie foi motivada a conquistar um tipo diferente de hábitat. Quando olhamos para uma delas, podemos imaginar as demais, apenas mudando a cor das asas ou de outro pequeno detalhe da plumagem. De modo geral, possuem de 14 a 16 centímetros de comprimento, plumagem anegrada (no caso dos machos) e bicos relativamente fortes, com a extremidade da maxila dotada de um pequeno gancho.

Vejamos o caso das espécies do gênero *Thamnophilus* do alto rio Negro, em torno da cidade de São Gabriel da Cachoeira, junto à fronteira com a Venezuela. Nas florestas de terra firme podemos encontrar a choca-murina (*T. murinus*), enquanto nas campinaranas de solo arenoso, a choca-canela (*T. amazonicus*). Nas matas de igapó, junto ao rio Negro, ambas são substituídas pela choca-preta-e-cinza (*T. nigrocinereus*).

Choca-preta-e-cinza

No Parque Nacional da Amazônia, as chocas *Thamnophilus* também estão distribuídas em um mosaico de ambientes. Enquanto a choca-lisa (*T. aethiops*) vive nas matas de terra firme, explorando emaranhados de lianas e cipós, a choca-de-natterer (*T. stictocephalus*) habita florestas secas com solo arenoso. Nas áreas de várzea, próximas dos rios Tracoá e Tapajós, reina a choca-canela.

As chocas *Sakesphorus* são menos diversificadas do que as chocas *Thamnophilus*, aparecendo quase exclusivamente em ambientes de solo sazonalmente alagado, como bordas de matas ribeirinhas, várzeas e igapós. Com pouco menos de um palmo de comprimento, quase todas elas têm corpos negros e topetes discretos. Seus bicos grossos e aduncos são usados para caçar presas grandes, como bichos-pau, aranhas e até lagartos. As rondas na floresta são vagarosas, habitualmente entre densos emaranhados de trepadeiras e cipós que ficam debruçados nas margens de rios.

A choca-d'água (*Sakesphorus luctuosus*) é a representante das florestas da porção baixa e mediana da Amazônia, ocorrendo em localidades bem conhecidas ornitologicamente, como em Alta Floresta e no Parque Nacional da Amazônia. Ao norte do rio Amazonas, ela é substituída pela choca-de-cauda-pintada (*Sakesphorus melanothorax*), típica do escudo guianense, e pela choca-de-crista-preta (*Sakesphorus canadensis*), da alta Amazônia.

É quase certo que nunca encontraremos duas espécies de *Sakesphorus* ou *Thamnophilus* em um mesmo local. Porém, teremos sempre chance de ver uma choca *Sakesphorus* ao lado de uma choca *Thamnophilus*. Isso ocorre, quase sem conflitos, em virtude de o comportamento e a dieta de ambas serem mais ou menos diferentes. Chocas *Thamnophilus* são costumeiramente mais velozes e pegam presas de tamanhos modestos, enquanto chocas *Sakesphorus* são mais lentas e capturam presas maiores, incluindo lagartos e até pequenos sapos.

O papa-formiga-barrado (*Cymbilaimus lineatus*) é um primo afastado das chocas *Thamnophilus*, de plumagem listrada de preto e branco, e bico adunco. Ele é mais lento do que as chocas, em seu modo de percorrer o estrato médio da floresta de terra firme, onde vive a maior parte de sua vida.

Nas florestas de terra firme da alta Amazônia, onde existem muitas manchas de solo arenoso, a choca-pintada (*Megastictus margaritatus*) pode ser encontrada ao lado das chocas *Thamnophilus* e de outros parentes. Ela tem o corpo cinzento e as asas negras, com nódoas arredondadas de cor alva. A choca-pintada tem uma estratégia muito original para pegar seu alimento nas camadas medianas da floresta, que difere de quase todos os membros de sua família. Ela empreende, com certa frequência, manobras aéreas, de modo a capturar percevejos e besouros na folhagem, assim como moscas e mosquitos em pleno ar.

Choca-pintada

Um dos mais velozes exploradores do estrato médio é o chororó-pocuá (*Cercomacra cinerascens*). Ele percorre, agilmente, brenhas e emaranhados densos de trepadeiras, usando seus olhos sagazes para descobrir pequenos insetos no limbo das folhas e na superfície de caules delgados. Mesmo nas horas mais quentes do dia, ele anuncia seu território com uma cantiga pobre em variações: "po-cuá, po-cuá".

O gênero *Cercomacra* abarca um complexo de seis espécies de plumagem negra, distribuídas em diferentes biomas brasileiros, como a Mata Atlântica, o Pantanal e a Amazônia. As três representantes da Amazônia brasileira vivem em hábitats completamente distintos. Enquanto o chororó-pocuá habita as matas de terra firme, o chororó-do rio-branco (*Cercomacra carbonaria*) vive nas florestas baixas do Estado de Roraima, com muitas trepadeiras e embaúbas, e solo inundável. A terceira espécie, o chororó-de-manu (*Cercomacra manu*), é especialista em bambuzais *Guadua*, que ocorrem esparsamente ao sul do rio Amazonas.

Pula-pulas, juruviaras, vite-vites e afins:
Famílias Parulidae e Vireonidae

As famílias Parulidae e Vireonidae reúnem vários tipos de pequenos pássaros insetívoros do estrato médio e da copa das florestas. Quase todos eles são caçadores inquietos que investigam ligeiramente a folhagem das árvores e dos cipós.

No colorido das plumagens, predominam tons esverdeados e amarelados. Os bicos, curtos e finos, são geralmente adaptados para capturar insetos miúdos na ramaria ou em pleno ar. A maior parte das espécies canta durante quase todas as horas do dia.

Os pula-pulas (*Basileuterus culicivorus*) surgem apenas perifericamente na Amazônia, sendo bem mais comuns na Floresta Atlântica. Nas florestas do rio Cristalino, casais percorrem a ramaria de árvores da submata, com folhagens ralas a razoavelmente densas, movendo-se com o corpo inclinado para a frente a cada segundo; as asas ligeiramente caídas e a cauda erguida. Encurtando a distância entre seus corpos e os substratos-alvo, geralmente uma folha, eles conseguem surpreender pequenos besouros, percevejos e aranhas que habitam os limbos verdejantes.

A polícia-do-mato (*Granatellus pelzelni*) é uma ave essencialmente amazônica, que possui a cabeça preta com uma faixa branca atrás dos olhos. A barriga escarlate contrasta com os tons negros da cabeça e do dorso. Ela pode ser encontrada nos mesmos lugares dos pula-pulas, mas pouco compete com eles — simplesmente porque habita densos emaranhados de cipós dos estratos superiores da floresta. Com um canto muito sonoro, repleto de assobios límpidos, a polícia-do-mato defende seu território de intrusos que também apreciam insetos, como chororós e papa-moscas, de modo a garantir um ambiente com mais oportunidades de alimento.

Polícia-do-mato

A juruviara (*Vireo chivi*) confia em seu canto monótono, com apenas duas notas, para salvaguardar seus domínios nas camadas medianas da mata. Incansável, ela repete a melodia inúmeras vezes por minuto, inclusive nas horas mais quentes do dia. Nos intervalos, procura lagartas na folhagem e frutos de vários tipos.

Vite-vites do antigo gênero *Hylophilus* compreendem um grupo razoavelmente diversificado de pássaros de mais ou menos 12 centímetros de altura e plumagem verdoenga com ventre amarelado. Todos eles são caçadores de lagartas e outros pequenos habitantes dos limbos foliares. Complementam sua dieta com bagas de ervas-de-passarinho. De modo geral, cada vite-vite ocupa um ambiente diferente, havendo pequena sobreposição entre os hábitats explorados pelas diversas espécies.

No Parque Nacional da Amazônia, encontrei o vite-vite--uirapuru (*Hylophilus-Tunchiornis ochraceiceps*) no sub-bosque das matas de terra firme, seguindo batalhões de aves insetívoras liderados por tiês-da-mata (*Habia rubra*) e uirapurus *Thamnomanes*. Dependendo da situação, ele sobe até o estrato médio da floresta para coletar insetos que, normalmente, são espantados por outros componentes do batalhão.

O vite-vite-de-cabeça-verde (*Hylophilus semicinereus*) investe em seu canto rico em notas límpidas para assegurar pequenos territórios nas margens de rios e lagos. Mesmo sendo praticamente a única espécie de seu gênero nesses ambientes, sua melodia visa inibir outros vizinhos comedores de insetos, com mais ou menos seu tamanho, como as chocas *Thamnophilus*.

O vite-vite-de-cabeça-verde usa seus habilidosos pés para se pendurar nos limbos de folhas enroladas, puxando, com o bico, apetitosas lagartas. Pisa sobre lagartas e pequenos besouros para matá-los, antes da ingestão. Para agilizar sua busca por alimento, frequenta florações de ingás na beira de rios, de modo a capturar abelhas que estejam quase hipnotizadas pelo néctar dos cachos de flores alvas.

Na trilha do Uruá, no coração do Parque Nacional da Amazônia, é possível encontrar o vite-vite-camurça (*Hylophilus--Pachysylvia muscicapina*). Ele viaja na camada superior da floresta de terra firme, acompanhando bandos mistos de pássaros durante a maior parte do dia. Seu comportamento alimentar é semelhante ao de seu parente de cabeça verde das margens dos rios.

Especialistas em folhas mortas

As florestas neotropicais são ricas em substratos como troncos, galhos, trepadeiras, epífitas, flores, cupinzeiros, teias de aranha e folhas que podem abrigar insetos e outros tipos de artrópodes. De modo geral, os pássaros de dieta insetívora tiveram que "optar", através dos tempos, por um desses tipos de substratos (ou, eventualmente, dois ou três) para angariar alimento.

A folhagem viva das árvores, geralmente de cor verde, é um nicho cobiçado por muitos pássaros que coletam insetos sugadores de seiva e mastigadores dos tecidos foliares, como percevejos, gafanhotos, besouros e lagartas de borboletas. Nas seções anteriores, vimos vários casos de pássaros que concentram sua atenção nesse tipo de substrato.

Diferentemente, as folhas inativas de árvores, habitualmente de coloração amarronzada, não costumam oferecer qualquer tipo de alimento a pequenos seres vivos. Como um "lixo" florestal, elas despencam diariamente da vegetação, podendo ficar enganchadas na ramaria da floresta ou alcançar o solo. Mas, então, por que um grupo de aves insetívoras se interessa quase somente por elas, a ponto de ter se especializado nesse tipo de substrato?

Para compreender essa estranha ocupação ou especialização, temos que descobrir o que há dentro dos limbos curvos e retorcidos de uma folha morta que esteja suspensa na vegetação. Abrindo uma folha morta de embaúba, não será difícil reconhecer alguns de seus moradores, como aranhas de aparência cavernosa e ligeiras baratas, que logo correrão em fuga.

Na verdade, os habitantes de folhas mortas suspensas (não apenas de embaúbas, mas de várias outras árvores) são seres noturnos que descansam, durante o dia, nos sombrios compartimentos foliares, saindo à noite apenas para passear. Muitas aves sabem disso e visitam esses substratos ocasionalmente, para tirar proveito de um recheio apetitoso. Contudo, existe um grupo de pássaros que levou essa atividade muito a sério, especializando-se, com o tempo, em capturar insetos que vivem dentro de folhas mortas.

Porém, essa profissão é exercida atualmente apenas por pássaros que possuem adequados atributos comportamentais para desempenhá-la. Explicando melhor: é preciso ter certos dotes especiais para chegar a tal especialização, de modo a tirar o máximo proveito dessa fonte de alimento. O "especialista" em folhas mortas tem que saber escalar a vegetação rapidamente, de maneira a acessar as folhas que estejam suspensas, enganchadas e/ou depositadas em diferentes cantos da floresta. É preciso ser um mestre em acrobacias, visto que seus substratos-alvo geralmente se encontram em locais de difícil acesso; além disso, esses pássaros necessitam ter olhos treinados para caçar a curtas distâncias, assim como em compartimentos fechados e escuros. Todos esses talentos podem ser observados nas choquinhas e nos limpa-folhas das famílias Thamnophilidae e Furnariidae, exploradores velozes das camadas inferiores do estrato médio, onde muitas folhas mortas são naturalmente depositadas todos os dias.

Contudo, há um pequeno detalhe que certamente ocorreu paralelamente ao processo de especialização em folhas mortas. Talvez a longa jornada de especialização não tivesse vingado sem uma tendência à vida social, incluindo a associação a um "líder". Mas por que as choquinhas e os limpa-folhas precisariam de um líder?

Imagine um pássaro pequeno, suspenso pelas patas ao limbo seco e retorcido de uma folha, enfiando a cabeça dentro de uma concavidade, para pinçar um inseto qualquer. Com a atenção totalmente voltada para sua tarefa, ele estaria plenamente vulnerável ao ataque de um predador. Como os verdadeiros especialistas precisam repetir esse tipo de atitude inúmeras vezes por dia, eles "elegeram", com o passar do tempo, um tipo de líder, que cuidasse muito bem deles durante suas viagens pela floresta.

Atualmente, em quase toda a Amazônia, as espécies de uirapurus do gênero *Thamnomanes* vivem a maior parte de suas vidas capitaneando bandos de choquinhas, limpa-folhas e outros usuários de folhas mortas. Os líderes uirapurus são pássaros do âmago da floresta que possuem atributos perfeitos para tal missão: postura ereta, olhos vigilantes e mania de gritar ao menor sinal de perigo.

Até aqui, porém, a história ainda não está totalmente contada. O que os uirapurus ganhariam com esse favor a choquinhas e limpa-folhas? A resposta é simples. Os líderes uirapurus têm olhos voltados não apenas para os predadores, mas também para uma miscelânea de presas que é desalojada da folhagem, devido ao movimento intenso de seus súditos.

Existem, na verdade, quatro espécies de líderes *Thamnomanes* em toda a região amazônica. Contudo, em uma mesma região só é possível encontrar, no máximo, um par delas. Outra regra inerente aos domínios de cada líder parece ser um tipo de política de boa vizinhança: "se eu já tenho o meu bando de seguidores, você deve procurar outro". Ocasionalmente, porém, dois tipos de líderes podem dividir um mesmo bando.

Antes de seguir em frente, é bom ter em mente que a fama dos uirapurus *Thamnomanes* não circula, nos dias atuais, apenas entre os especialistas em folhas mortas. Muitos outros pássaros, incluindo exploradores da folhagem viva e até de troncos e galhos, também podem tirar proveito, eventualmente, de uma floresta "monitorada 24 horas" contra predadores.

Na região do alto rio Juruá, os uirapurus-de-garganta-preta (*Thamnomanes ardesiacus*), de plumagens quase inteiramente cinzentas, são guardiões de bandos mistos, ricos em espécies, incluindo os pássaros especialistas em folhas mortas. Eles sentam em lianas e galhos horizontais do interior da mata, entre 4 e 10 metros de altura, para olhar a rota de seus simpatizantes. Em seguida, escolhem novos postos de espreita, de acordo com a evolução de seu particular bando.

Uma das mais fiéis seguidoras dos uirapurus-de-garganta--preta nessa região é a pequenina choquinha-de-olho-branco (*Epinecrophylla leucophthalma*), com apenas 11 centímetros de comprimento. Nas rotas ligeiras dentro da floresta, suas asas arredondadas e a cauda aberta em leque garantem certa estabilidade para manobras arrojadas. Ela percorre a ramaria de trepadeiras e lianas, em busca de folhas mortas suspensas, ignorando completamente outros tipos de substratos. Tanto folhas senescentes isoladas como aglomeradas em cachos são investigadas sequencialmente. Presas diminutas (como aranhas e besouros) são puxadas, com o bico, de dentro das concavidades foliares. O macho emite um canto com notas agudas para não perder o contato com sua parceira. Algumas vezes, a choquinha-de-olho-branco escolhe determinadas plantas capazes de acumular boas quantidades de folhas mortas, como palmeiras e trepadeiras, para otimizar sua busca.

Uirapuru-de-
-garganta-preta
e Choquinha

A choquinha-do-madeira (*Epinecrophylla amazonica*) é vizinha da espécie anterior nas florestas de terra firme e, por vezes, nas matas com solos sazonalmente inundados. Uma estratégia usada por esse par de choquinhas para diminuir a competição pelos mesmos substratos-alvo é a exploração preferencial de estratos diferentes. Embora ambas possam ser encontradas na faixa de 3 ou 4 metros de altura, a choquinha-do-madeira geralmente concentra sua busca por insetos abaixo desse patamar, enquanto a choquinha-de-olho-branco prefere cotas ligeiramente superiores.

As choquinhas *Epinecrophylla* são representadas por diferentes espécies em toda a Amazônia, sempre associadas aos líderes *Thamnomanes*. Duplas ou trios de espécies de *Epinecrophylla* parecem ter estabelecido certos "acordos" de longo prazo, imersos em seus planos genéticos, para melhor aproveitar a floresta.

Na trilha do Uruá, no coração do Parque Nacional da Amazônia, a choquinha-de-olho-branco explora folhas mortas, quase ao alcance da choquinha-ornada (*Epinecrophylla ornata*). Aqui, em um "novo acordo", a choquinha-de-olho--branco costuma explorar camadas inferiores às percorridas habitualmente por sua companheira de profissão. Nas florestas de terra firme ao longo do rio Negro, duas espécies de *Epinecrophylla* gastam a maior parte de seu tempo seguindo grupos vigilantes de uirapurus-ipecuás (*Thamnomanes caesius*). Enquanto a choquinha-do-rio-negro (*Epinecrophylla pyrrhonota*) é relacionada às partes mais baixas e sombrias da floresta, a choquinha-de-cauda-ruiva (*Epinecrophylla erythrura*) faz suas varreduras em folhas mortas que estejam enganchadas em ramos mais elevados da vegetação.

Retornando às florestas do Alto Juruá, encontraremos outros especialistas em folhas mortas que também confiam nos olhos zelosos dos uirapurus-de-garganta-preta, enquanto trabalham entorpecidos por tais substratos. São os limpa-folhas e barranqueiros dos gêneros *Ancistrops*, *Philydor* e *Automolus*. Não seria um exagero afirmar que esses malabaristas da floresta, com cerca de um palmo de comprimento, são os pássaros com mais amplo repertório de comportamentos para a exploração da folhagem morta que despenca diariamente das árvores.

O limpa-folha-de-sobre-ruivo (*Philydor erythrocercum*) manobra o corpo em diversas posições durante suas rotas ligeiras, agarrando, com os habilidosos pés, em caules e galhos de moderada espessura. A cauda aberta em leque reforça o equilíbrio. Ele percorre a superfície inferior ou superior das folhas enormes de palmeiras, se segurando na raque central ou se agarrando nas pinas endurecidas, para acessar a miríade de folhas mortas que descansam sobre as frondes. Para explorar as folhas multilobadas de embaúbas que ficam suspensas na vegetação, o limpa-folha-de-sobre-ruivo avança em diferentes posições cuidadosamente, colocando os olhos — e, eventualmente, a cabeça inteira — entre as brechas das concavidades, para descobrir baratas e aranhas. Pode puxar folhas mortas pequenas com um dos pés, enquanto, com o outro pé, segura firme em um galho adjacente.

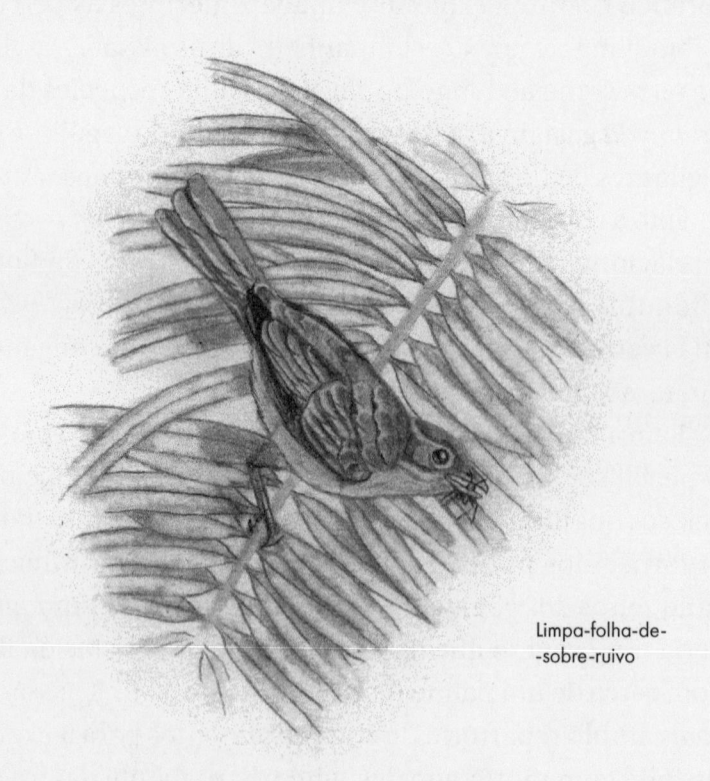

Limpa-folha-de-
-sobre-ruivo

O limpa-folha-picanço (*Ancistrops strigilatus*) também explora diversos nichos dos primeiros andares da floresta, sempre se movendo acrobaticamente e de acordo com as sinuosidades dos substratos investigados.

Os barranqueiros do gênero *Automolus* são aves de mais ou menos um palmo de comprimento, com plumagens pardas, caudas ferrugíneas e gargantas claras. Seus bicos são mais fortes do que os de choquinhas e limpa-folhas. Todos são muito barulhentos, defendendo territórios com cantos sonoros e chamados de alarme. À medida que os líderes uirapurus-de-garganta-preta e seus simpatizantes evoluem na floresta, os barranqueiros vão aproveitando as melhores oportunidades de capturar presas em meio à folhagem morta. Basicamente, os barranqueiros diferem de seus companheiros de viagem pela preferência por aglomerados de folhas mortas. Talvez por isso frequentem até a densa serapilheira algumas vezes ao dia. Contudo, os diferentes tipos de barranqueiros dividem a floresta através de predileções por ambientes distintos.

No alto rio Juruá, registrei três espécies de barranqueiros *Automolus* em hábitats um tanto diferentes, desde a calha do rio até os espigões da terra firme. Nas localidades ribeirinhas de Pedra Pintada e Caipora, encontrei o barranqueiro-de-coroa-castanha (*Automolus rufipileatus*). Ele reina nas matas baixas de várzea, subindo através de caules de trepadeiras para investigar uma miscelânea de folhas secas, que ficam presas na ramaria. Também desce quase até a beira da água, de modo a inspecionar o solo e as plantas baixas que acompanham a correnteza. Vive ao lado de outros moradores ilustres desse ambiente, como o flautim-ruivo (*Schiffornis major*) e o fruxu-de-barriga-amarela (*Neopelma sulphureiventer*). Os fruxus do gênero *Neopelma* são habitantes de matas ribeirinhas ou campinaranas de solo arenoso, que possuem uma dieta *sui generis*, à base de insetos e frutos de ervas-de-passarinho.

À medida que penetramos na mata mais afastada do rio, entraremos nos domínios do barranqueiro-camurça (*Automolus ochrolaemus*). Ele vive em florestas de solo sazonalmente inundado, onde a terra é rica em nutrientes e a vida fervilha nos andares inferiores da vegetação. Sobe em cipós e frondes de palmeiras, entre outros substratos, para angariar presas ocultas em folhas mortas de diversos tipos; desmancha emaranhados de folhas senescentes com golpes de bico, para surpreender aranhas e baratas de hábito noturno que estejam repousando em seus esconderijos diurnos.

O barranqueiro-pardo (*Automolus infuscatus*) pode até ser encontrado nas mesmas florestas de seu parente anterior, mas prefere as matas de terra firme, aonde jamais chegam as águas do rio Juruá. Nesse ambiente, ele é um dos principais seguidores dos uirapurus-de-garganta-preta, assim como companheiro assíduo das choquinhas *Epinecrophylla*.

O joão-pintado (*Cranioleuca gutturata*) é um "primo afastado" dos barranqueiros e limpa-folhas, que vive nas florestas ribeirinhas de várias regiões da Amazônia. Seu nome popular faz clara alusão às nódoas negras que ficam espalhadas em seu peito alvacento. O boné, as asas e a cauda possuem coloração ferrugínea. Ele aprecia locais com densos emaranhados de cipós e trepadeiras, onde alterna a sua busca por artrópodes entre plantas epífitas e folhedos suspensos. O joão-pintado pouco concorre com a maioria de seus parentes, tanto por explorar as camadas superiores do estrato mediano da mata como por angariar presas menos robustas.

Com maior diversidade nas florestas andinas e nas cadeias montanhosas do Brasil meridional, o gênero *Cranioleuca* possui apenas um par de espécies na Amazônia. Seus ninhos são geralmente construídos nas copas de árvores, tendo formato esférico com entrada lateral. Os materiais usados na confecção podem variar de acordo com a espécie, embora predominem musgos, raízes, gravetos e folhas.

Apesar de se comportarem, naturalmente, como escaladores de troncos, alguns arapaçus são especializados em investigar a folhagem morta suspensa da floresta. Esse é o caso do arapaçu-assobiador (*Xiphorhynchus pardalotus*) das matas de terra firme do Escudo das Guianas. Ele é substituído, ao sul do rio Amazonas, pelo arapaçu-de-lafresnaye (*Xiphorhynchus guttatoides*), um sósia com praticamente os mesmos requerimentos ecológicos. Ambos observam a folhagem adjacente aos troncos que estão escalando, saltando repentinamente para se agarrarem aos limbos secos e retorcidos de folhas mortas suspensas. Enquanto pendurados pelos habilidosos pés, enfiam o bico (e, por vezes, a face) nas concavidades foliares, para puxar baratas e besouros adormecidos (veja no próximo capítulo).

Várias espécies de aves são simpatizantes ao hábito de explorar folhas mortas, sem serem, necessariamente, especialistas nesses substratos. Os ornitólogos rotularam essa turma como "usuários ocasionais" de folhas mortas. Encabeça a lista um grupo de choquinhas dos gêneros *Isleria* e *Myrmotherula*, tamnofilídeos de plumagem cinzenta com formatos corporais quase idênticos aos das especialistas *Epinecrophylla*.

A choquinha-de-garganta-clara (*Isleria hauxwelli*) parece despender apenas uma parte de seu tempo na investigação de folhas mortas. Gosta de demarcar seu território no sub-bosque por meio de um canto composto por várias notas rascantes de quase cinco segundos de duração. Subindo em caules verticais de arvoretas na beira de igarapés, ela usa seus olhos aguçados para descobrir percevejos e besouros na folhagem verdejante. A choquinha-de-garganta-clara segue ocasionalmente os guardiões uirapurus-de-garganta-preta, de modo a expandir suas atividades de caça em locais mais expostos da floresta.

A choquinha-de-flanco-branco (*Myrmotherula axillaris*) pouco compete com as choquinhas *Isleria* e *Epinecrophylla*, pelo fato de concentrar sua busca por presas na folhagem viva de arvoretas do sub-bosque. Apenas em locais com elevada disponibilidade de folhas mortas ela pode optar por inspecionar esses substratos mais regularmente.

Choquinha-de-
-flanco-branco

No alto rio Juruá, a choquinha-de-garganta-cinza (*Myrmotherula menetriesii*) também pode ser considerada como ocasional usuária de folhas mortas. Seguindo bandos chefiados pelos uirapurus-de-garganta-preta, ela explora a folhagem de árvores do estrato médio da floresta, alguns metros acima de sua parceira anterior.

Outro pássaro da família Thamnophilidae que investiga folhas mortas com relativa frequência é a choca-cantadora (*Pygiptila stellaris*). Estudos na Amazônia peruana revelaram que cerca de 60% de seu forrageamento é dirigido ao folhedo aéreo. Ela aprecia desmanchar emaranhados de folhas mortas suspensos em trepadeiras ou depositados sobre filodendros e outras plantas epífitas. Desse modo, pode surpreender pequenos seres que utilizem rotas previsíveis de fuga. O bico forte e adunco, quase desproporcional ao tamanho de seu corpo, serve para capturar e despedaçar besouros e largos bichos-pau.

Os capitães-de-bigode do gênero *Capito*, pássaros gordos de bicos potentes, nada têm a ver, em aparência, com as choquinhas e os limpa-folhas; mas, mesmo assim, são apreciadores de folhas mortas recheadas de pequenos seres. Na verdade, são habitantes curiosos dos estratos superiores da floresta, onde buscam diversos tipos de frutos e insetos.

Uma de minhas cadernetas de campo ilustra um capitão-de-fronte-dourada (*Capito auratus*) descendo em um cipó, para averiguar a presença de presas entre as concavidades de uma folha morta de embaúba. É um membro assíduo de bandos mistos das copas das florestas do alto rio Juruá.

Várias outras espécies de aves podem investigar o conteúdo de folhas mortas pelo menos uma vez na vida. A locomoção — obviamente otimizada pelo voo —, e também o desejo por novidade, são ingredientes inerentes à rotina das aves, que possibilitam a descoberta de muitos tipos de alimentos e substratos, mesmo que apenas alguns deles sejam usados com regularidade. Tudo isso vai depender do que está patenteado nas heranças genéticas de cada espécie e, em algum grau, do aprendizado proporcionado pela experiência de vida.

CAPÍTULO 5

Escaladores de troncos e galhos

A América do Sul é certamente o continente de nosso planeta onde existem mais pássaros escaladores de troncos e galhos de árvores. Tal profissão é desempenhada principalmente por um elevado número de espécies de pica-paus e arapaçus.

Pica-paus são aves quase cosmopolitas, com adaptações especiais para golpear a madeira e extrair larvas de dentro dela. Eles fazem a floresta ressoar com seu trabalho, pois martelam as árvores vigorosamente, para desentocar insetos furadores da madeira. O bico forte e reto e uma extraordinária língua, revestida de saliva pegajosa e armada de farpas, são instrumentos muito úteis para a captura de larvas de besouros e outros pequenos animalejos que se escondem por baixo da cortiça dos troncos. Adaptações especiais do crânio e da musculatura do pescoço garantem certa estabilidade contra o excesso de trepidação. Outras notáveis adaptações dos pica-paus à vida de escalador são seus pés fortes e zigodátilos, capazes de abraçar os troncos e galhos, bem como a rigidez da cauda, que serve como órgão de apoio.

Arapaçus, por sua vez, são pássaros pouco conhecidos pelo povo. Essencialmente neotropicais, eles tiveram sua maior diversificação na Floresta Amazônica. Arapaçus carecem de quase todas as adaptações dos pica-paus, exceto pela cauda rígida que também serve de apoio a suas escaladas. Contudo, os arapaçus apresentam uma notável variedade de bicos e também de maneiras de caçar insetos. De certo modo, podemos dizer que eles conquistaram mais nichos florestais do que os pica-paus, em sua marcha evolutiva.

Pica-paus e arapaçus possuem várias outras diferenças, como a conhecida dedicação à construção de ninhos dos primeiros, ausente entre os segundos. Enquanto os pica-paus cavam seus ninhos em troncos de árvores com extrema habilidade, os arapaçus quase sempre se aproveitam de cavidades já existentes para colocar seus ovos.

Pica-paus

As diversas espécies de pica-paus vivem solitariamente ou aos casais, ocupando a floresta de diferentes maneiras. São geralmente aves dos estratos médio e alto, raramente podendo ser observadas no sub-bosque ou no solo da floresta.

Para compreender como as espécies de pica-paus vivem, é preciso observá-las na natureza. Comparando os aspectos da vida e da rotina apresentados por cada uma, podemos entender como elas conquistaram a floresta.

Nas florestas do Parque Nacional da Amazônia, no médio rio Tapajós, cerca de dez espécies de pica-paus vivem em harmonia. Cada uma delas ocupa um tipo de ambiente e explora, distintamente, substratos de caça e alimentos.

Para desvendarmos tal segregação, é conveniente que conheçamos, inicialmente, os gêneros, que abrangem diferentes linhagens evolutivas de pica-paus: *Picumnus*, *Veniliornis*, *Piculus*, *Celeus*, *Dryocopus*, *Campephilus* e *Melanerpes*.

O diminuto picapauzinho-dourado (*Picumnus aurifrons*), com apenas 8 centímetros de comprimento, é um especialista na exploração de galhos delgados de trepadeiras e arvoretas (com até 3 ou 4 centímetros de espessura). Ele percorre agilmente o estrato médio das florestas de terra firme e de várzea, manobrando o corpo em diversas posições, inclusive de cabeça para baixo, de modo a inspecionar as distintas superfícies dos galhos. Batendo com força contra o substrato, o picapauzinho-dourado investiga a presença de larvas de besouros.

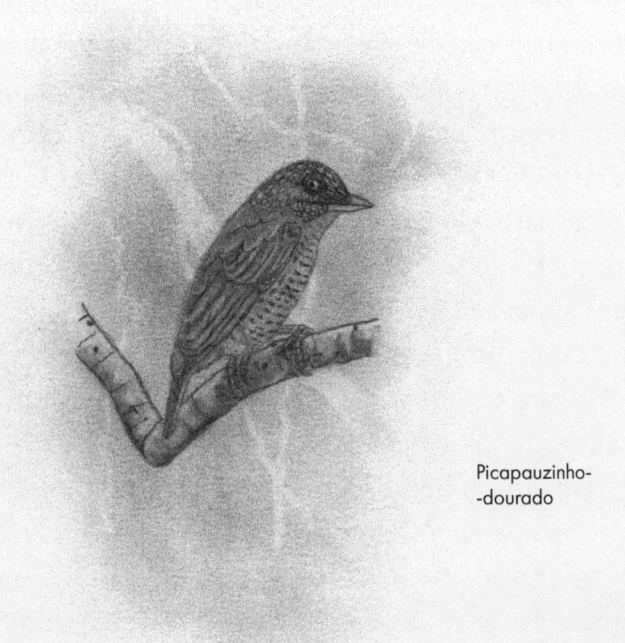

Picapauzinho-dourado

O picapauzinho-avermelhado (*Veniliornis affinis*) tem o dobro do tamanho dos *Picumnus*, com predileção pelas copas altas da floresta. Ele geralmente investiga galhos com até 7 ou 8 centímetros de diâmetro, especialmente nas partes interioranas das copas de árvores, onde existe maior quantidade de galhos promissores e a folhagem é mais escassa. Acompanha agilmente bandos mistos de aves do dossel, tarefa que executa melhor do que quase qualquer outro pica-pau dessa camada da floresta.

Na escala de tamanho, os dois representantes do gênero *Piculus* são os próximos da lista dos pica-paus do Parque Nacional da Amazônia. O pica-pau-bufador (*Piculus flavigula*) vive no estrato médio/alto da floresta, sinalizando seu território com um estranho chamado — que lembra o som de uma pessoa ofegante ou nervosa. Costuma seguir bandos mistos do interior da floresta. Já o pica-pau-de-garganta-pintada (*Piculus laemostictus*) tem hábitos ainda pouco conhecidos, parecendo ser mais associado a matas ralas ou ribeirinhas.

O trio de *Celeus* é, em média, razoavelmente maior do que os pica-paus *Veniliornis* e *Piculus*, medindo entre 21 e 27 centímetros de comprimento. Além disso, eles possuem uma dieta peculiar para os membros da família Picidae, incluindo insetos e uma boa quantidade de frutos.

O pica-pau-amarelo (*Celeus flavus*) tem a plumagem quase totalmente amarela e asas marrons. Vivendo a maior parte de sua vida na beira de rios e lagos, bem como em florestas pantanosas, ele evita a competição com seus congêneres e até com outros tipos de pica-paus. Nesse ambiente, costuma destruir ou picotar cupinzeiros com o bico, para comer seus habitantes, assim como consumir frutos de palmeiras nativas, como a bacaba (*Oenocarpus bacaba*) e o açaizeiro (*Euterpe oleracea*).

O pica-pau-chocolate (*Celeus elegans*) mora nas copas altas de árvores da floresta de terra firme e ocasionalmente em áreas de várzea, onde pode encontrar a espécie anterior. Marca seu território com um tamborilar duplo e bastante característico: "dup-dup".

O picapauzinho-chocolate (*Celeus grammicus*) parece uma réplica da espécie anterior; porém, com 21 centímetros de comprimento, um tamanho consideravelmente menor, e bico mais fino. Ele habita a mata alta de diversos tipos de ambientes.

A diferença de tamanho entre pica-paus, congêneres ou não, sugere distinções em suas ecologias tróficas. A primeira delas deve estar relacionada à capacidade de explorar troncos de diferentes espessuras e rigidez. Além disso, o tamanho das presas e dos frutos consumidos pode variar de acordo com o peso e o tamanho da ave — e até com as medidas do bico. Desse modo, os pica-paus *Celeus* exemplificam como espécies taxonomicamente próximas podem competir razoavelmente pouco por alimento, devido às suas próprias características morfológicas ou ao uso diferencial de hábitats e substratos.

Os grandes pica-paus dos gêneros *Dryocopus* e *Campephilus* ocupam o topo da escala de tamanho, sempre com mais de 30 centímetros de comprimento. Eles parecem ser o "resultado" de uma surpreendente evolução paralela, principalmente devido à semelhança de suas plumagens e ocupação de hábitats. O pica-pau-de-banda-branca (*Dryocopus lineatus*) é tão semelhante ao pica-pau-de-topete-vermelho (*Campephilus melanoleucos*) que muitos ornitólogos experientes podem se enganar na identificação de cada um. Ambos possuem o topete e uma estria malar de cor vermelha, barriga listrada e um "V" branco nas costas. Em muitos casos, suas manifestações sonoras podem ser o melhor recurso para diferenciá-los na floresta.

Contudo, há uma tendência de o pica-pau-de-topete-vermelho habitar, preferencialmente, as florestas de várzea ou áreas com árvores e palmeiras esparsas junto a lagos e rios. Mas isso não significa que o pica-pau-de-banda-branca não passeie por essas áreas. A defesa de territórios de ambos é feita com vozes muito potentes, incluindo tamboriladas autênticas, que auxiliam na defesa de seus extensos territórios.

Pica-pau-de-topete-
-vermelho

O pica-pau-de-barriga-vermelha (*Campephilus rubricollis*) prefere as copas altas das florestas de terra firme, onde pode se encontrar casualmente com o pica-pau-de-banda-branca, que apresenta predileção por florestas ralas e mais baixas.

Os pica-paus *Dryocopus* e *Campephilus*, em função de seus corpos pesados e bicos extremamente potentes, são capazes de quebrar cortiças de árvores e cupinzeiros que seriam quase imunes a outros tipos de pica-paus. Podem até comer frutos, mas parecem ser bem menos frugívoros do que os pica-paus *Celeus*.

No Parque Nacional da Amazônia, o benedito-de-testa-
-vermelha (*Melanerpes cruentatus*) se diferencia dos pica-paus dos gêneros *Celeus*, *Dryocopus* e *Campephilus* pelo seu porte menor, em torno de 20 centímetros de comprimento, assim como por certas preferências alimentares. Ele é praticamente

o único pica-pau da Amazônia a ter, em seu cardápio, três itens alimentares — insetos, frutos e néctar —, embora seja basicamente insetívoro. Além disso, ele apresenta uma incrível versatilidade com relação ao hábitat, podendo ser encontrado no topo de florestas de terra firme, em várzeas e até em palmeiras meio afogadas em lagos e pântanos. Outra particularidade do benedito-de-testa-vermelha é a vida em pequenos grupos, raramente observada em outros tipos de pica-paus da Amazônia. Ao menor sinal de perigo, os membros da equipe cantam juntos, abrindo e fechando as asas para intimidar pretensos rivais.

O caso dos pica-paus do Parque Nacional da Amazônia espelha perfeitamente a situação dessa família, em termos de diversidade e ocupação de hábitat, em quase qualquer outra área da Amazônia. Por exemplo, dentre as doze espécies de pica-paus encontradas um pouco ao norte da capital Manaus, acima do rio Amazonas, mais da metade está presente no Parque Nacional da Amazônia. Há casos de gêneros, como *Picumnus* e *Veniliornis*, que são representados por diferentes espécies em cada região da Hileia, que habitam, contudo, semelhantes hábitats. Nesse contexto, o picapauzinho-avermelhado é substituído, ao norte do grande rio, pelo pica-pau-de-colar-dourado (*Veniliornis cassini*), o representante do Escudo Guianense. Ambos possuem requerimentos ecológicos muito semelhantes.

Arapaçus

Os arapaçus certamente perdem para os pica-paus em termos de adaptações especiais para a vida de escalador. Porém, ganham com folga nos aspectos relacionados à ocupação de hábitats e à diversidade de métodos de caça. Em meu modo de ver, os arapaçus figuram entre as aves com maior criatividade e versatilidade para caçar insetos nas florestas neotropicais.

Tais talentos contribuíram sobremaneira durante o tempo evolutivo para que os arapaçus conquistassem quase todos os nichos que existem ao longo de troncos e galhos. É certo que toda a criatividade sempre esteve acompanhada de adaptações morfológicas, como a forma do bico e o próprio feitio corporal, que costumam nos dar pistas sobre as tarefas principais da vida de cada espécie.

Quase todos os arapaçus empreendem trajetórias ascendentes ao longo de troncos, conservando (quase sempre) a cabeça para cima. Circuitos em espiral são muito comuns, especialmente nas espécies de menor peso e maior agilidade.

Novamente, teremos que ir a campo para observar e compreender a vida das diferentes espécies desse intrigante grupo de aves essencialmente florestal, da família Dendrocolaptidae.

Nas florestas do alto rio Juruá, onde trabalhei nos anos 1990 com outros ornitólogos e uma turma de entomólogos, foi possível encontrar uma das maiores diversidades de arapaçus de toda a Amazônia: 19 espécies. Eles pertencem basicamente a treze gêneros: *Glyphorynchus*, *Sittasomus*, *Lepidocolaptes*, *Deconychura*, *Dendroplex*, *Xiphorhynchus*, *Dendrocincla*, *Nasica*, *Xiphocolaptes*, *Dendrexetastes*, *Hylexetastes*, *Dendrocolaptes* e *Campylorhamphus*. Todos eles possuem a plumagem amarronzada, eventualmente com estrias negras no ventre e na cabeça, com medidas entre 14 e 30 centímetros de comprimento.

Para compreender como os diferentes tipos de arapaçus conquistaram a floresta, temos que admitir que cada gênero representa uma linhagem evolutiva mais ou menos independente, com preferências por certos tipos de hábitats e aparelhada com comportamentos alimentares originais.

O arapaçu-bico-de-cunha (*Glyphorynchus spirurus*) é o menor representante da família, com apenas 14 centímetros de comprimento. Percorrendo agilmente os primeiros andares da floresta, geralmente até 10 metros de altura, ele utiliza o bico curto em formato de cinzel para golpear a madeira e/ou remover lascas dos troncos. Besouros e cigarras pequenas estão entre suas vítimas favoritas.

Arapaçu-bico-
-de-cunha

Ligeiramente maior do que a espécie anterior, o arapaçu-verde (*Sittasomus griseicapillus*) é habitante dos estratos médio e superior da floresta de terra firme e da várzea. Seu corpo leve de cor olivácea e o bico fino são perfeitamente adaptados para rápidas manobras ao longo de troncos até os galhos da copa das árvores. O arapaçu-verde raramente desaloja pedaços da casca dos troncos, como faz o arapaçu-bico-de-cunha. Em vez disso, as presas são abatidas tanto na superfície dos troncos como em pleno ar. Nesse último caso, os pássaros empreendem curtas acrobacias aéreas para abater pequenos mosquitos, moscas, entre outros insetos alados. O arapaçu-verde é um assíduo seguidor de bandos mistos do dossel, beneficiando-se das presas que desabam em fuga ou são desalojadas pelas agremiações heterogêneas de pássaros.

O alto rio Juruá é uma das poucas regiões do Brasil onde podemos encontrar o arapaçu-do-inambari (*Lepidocolaptes fatimalimae*). Ele faz parte de um antigo complexo de raças geográficas do arapaçu-de-listras-brancas (*Lepidocolaptes albolineatus*) que, recentemente, foi desmembrado em "espécies independentes". Todas elas possuem corpos esguios de até 19 centímetros de comprimento, dorsos marrons e garganta/face esbranquiçada com listras negras.

O arapaçu-do-inambari vive a maior parte do tempo nas copas das florestas de terra firme, onde se movimenta agilmente ao longo de galhos horizontais e inclinados, frequentemente acompanhando grupos mistos de aves do dossel. Com seu bico comprido e fino, desaloja fragmentos da cortiça e pequenas epífitas para desentocar larvas e insetos. Ao contrário do arapaçu-verde, quase nunca usa manobras aéreas para coletar seu alimento.

Apesar de compartilharem corpos leves e agilidade na captura de pequenas presas, os arapaçus dos gêneros *Glyphorynchus*, *Sittasomus* e *Lepidocolaptes* pouco competem entre si por alimento. Como vimos anteriormente, cada espécie tem preferência por uma camada distinta da floresta e emprega métodos autênticos de caça. Nesse contexto, o aspecto de seus bicos é perfeitamente adaptado para seus planos de caça.

Na escala de tamanho, o arapaçu-rabudo (*Deconychura longicauda*) é o próximo da turma, com quase um palmo de comprimento. Sua plumagem pode lembrar a do arapaçu-bico-de-cunha, um eventual vizinho em seu hábitat favorito: o sub-bosque das florestas de terra firme. Porém, as estratégias de caça do arapaçu-rabudo são baseadas em manobras aéreas entre troncos do sub-bosque. Seu bico comprido e fino parece ser um instrumento especial para capturar cigarras, libélulas, besouros e outros insetos alados. Contudo, ele não dispensa as presas que descansam na superfície dos troncos, e que costumam confiar plenamente em seus disfarces.

O arapaçu-de-bico-branco (*Dendroplex picus*) é um caçador intrépido das florestas sazonalmente inundadas, e raramente se encontra com as espécies anteriores. Seu bico forte, de cor branca, é usado para golpear e desalojar pedaços grandes da casca de troncos, de modo a desentocar baratas, besouros e outros insetos. Ninhos de cupins também estão dentro de seus planos.

O gênero *Xiphorhynchus* apresenta notável riqueza nas florestas do alto rio Juruá, com quatro espécies de diferentes tamanhos (de 20 a 25 centímetros), adaptadas a hábitats específicos.

O arapaçu-riscado (*Xiphorhynchus obsoletus*) possui ampla distribuição na Amazônia, ocupando sempre florestas que estejam próximas a rios e lagos. Em uma de minhas cadernetas de campo, desenhei um indivíduo caçando insetos com seu bico pontiagudo na folhagem baixa de árvores junto à correnteza do rio Juruá.

O arapaçu-de-lafresnaye (*Xiphorhynchus guttatoides*) é um pouco maior do que seu parente anterior, com 23 centímetros de comprimento, e vive principalmente nas florestas de terra firme. É especialista em buscar presas dentro de folhas mortas que estejam suspensas na vegetação. Esse curioso hábito pode até ser observado em outros membros do gênero *Xiphorhynchus*; porém, nunca com a mesma regularidade mostrada pelo arapaçu-de-lafresnaye. Ele se pendura em folhas suspensas de embaúbas e palmeiras, de modo a investigar as concavidades dos limbos secos e retorcidos. Pode explorar, também, aglomerados de folhas mortas, suspensos nos labirintos de ramos de trepadeiras e lianas.

Arapaçu-de-
-lafresnaye

O terceiro membro dessa equipe é o arapaçu-elegante (*Xiphorhynchus elegans*), um morador da terra firme que pode passear nesse ambiente ao lado do lafresnaye. Porém, ele prefere capturar presas que estejam na superfície de troncos ou entre reentrâncias das cortiças. O arapaçu-ocelado (*Xiphorhynchus ocellatus*) é uma rara espécie da alta Amazônia, ainda de hábitos pouco conhecidos, pelo menos em terras brasileiras.

Mais ou menos na mesma faixa de tamanho dos *Xiphorhynchus* estão os membros do gênero *Dendrocincla*, de plumagem marrom e bico forte. São pássaros contemplativos, de índole passiva, que habitam o sub-bosque. Eles possuem a estranha mania de seguir formigas de correição e macacos, para angariar alimento. Embora os arapaçus *Xiphorhynchus* também possam agir dessa forma, eles não são tão estrategistas e pacientes quanto os *Dendrocincla*.

O arapaçu-pardo (*Dendrocincla fuliginosa*) pode despender a maior parte de seu dia seguindo a marcha das formigas *Eciton burchellii*. Ele aperfeiçoa tal atividade com uma boa estratégia: pousado na base de troncos de árvores, quase junto ao solo, monitora a rota de insetos e aranhas que fogem, agoniados, das formigas. Com um voo curto, pega as vítimas, tanto no solo como na superfície de caules verticais.

Os dois membros do gênero *Dendrocolaptes* (*D. juruanus* e *D. picumnus*) compartilham, com os arapaçus *Dendrocincla*, o estilo contemplativo e "inteligente" de caçar. Ambos são muito curiosos e apreciadores dos eventos da floresta que expõem presas de diversos tipos, como exércitos de formigas, tropas de macacos e até bandos nervosos de porcos-do-mato.

Porém, os arapaçus *Dendrocolaptes* gostam de certas aventuras radicais nos estratos superiores da mata, como espreitar ninhos de vespas e cupins ou investigar certas florações da copa que estejam repletas de abelhas hipnotizadas pelo néctar. Além disso, nas trajetórias ascendentes ao longo de troncos, pinçam com o bico os insetos que, confiando em sua carapaça mimética, repousam sobre a cortiça. De certo modo, pode-se dizer que os arapaçus *Dendrocolaptes* minimizam a competição por presas com seus parentes dos gêneros *Xiphorhynchus* e *Dendrocincla* pela ocupação prioritária de estratos mais elevados da floresta e, também, pela maior versatilidade em seus métodos de caça.

Daqui em diante, averiguaremos espécies de arapaçus do alto rio Juruá que possuem corpos muito robustos e modelos de bico bastante singulares. Quase todas elas representam solitariamente os seus gêneros na Amazônia (gêneros monotípicos), ocupando nichos especiais da floresta e, eventualmente, "monopolizando" um grupo seleto de presas.

O arapaçu-vermelho (*Xiphocolaptes promeropirhynchus*), com 30 centímetros de comprimento, possui um bico forte e curvo, instrumento perfeito para suas principais atividades de caça: inspecionar plantas epífitas e descascar a cortiça de árvores. Ele pode até capturar insetos que estejam pousados sobre a superfície dos troncos ou na folhagem; porém, costuma preferir animalejos que normalmente se escondem dentro de bromélias ou debaixo da casca de troncos. Assim, consegue prêmios compensadores, como pequenos lagartos, rãs e aranhas apetitosas.

O arapaçu-galinha-ocidental (*Dendrexetastes devillei*) tem quase o mesmo porte de seu parente anterior, mas possui hábitos completamente diferentes. Vive em matas com solos sazonalmente alagados, buscando folhiços marrons em variados locais (como entre caules de trepadeiras ou na malha de frondes de palmeiras). Observei um solitário indivíduo pendurando-se em um emaranhado de raízes mortas e folhas secas, de modo a inserir parte de sua cabeça dentro das concavidades de limbos retorcidos. Em outro local, o arapaçu-galinha-ocidental investigou sequencialmente três folhas mortas de embaúbas que estavam suspensas na vegetação ribeirinha.

Um ocasional vizinho da espécie anterior é o gigante arapaçu-de-bico-comprido (*Nasica longirostris*). Sua aparência bizarra — com o bico de quase 8 centímetros de comprimento, a cabeça pequena e o pescoço comprido — denota um elevado grau de especialização. Na verdade, ele vive a maior parte de sua vida nas matas de várzea, raramente longe da água. Introduz seu bico comprido com formato de sabre, inigualável entre os arapaçus, em cavidades de diversos tipos, como as lacunas entre bainhas de bromélias e buracos de troncos. Besouros enormes, escorpiões e rãs são alguns dos itens de seu variado cardápio.

Em termos de esquisitice, o arapaçu-beija-flor (*Campylorhamphus trochilirostris*) não fica muito atrás do arapaçu-de-bico-comprido. Seu bico é longo, fino e recurvado, parecendo ser extremamente adequado para seu passatempo predileto: caçar animais escondidos em cavidades ou fendas de troncos de árvores e palmeiras. Ele pouco compete com outros arapaçus das matas alagadas pelo fato de preferir áreas com árvores esparsas e uma boa quantidade de palmeiras.

Bicos-virados

Os bicos-virados do gênero *Xenops* compõem a pequena família Xenopidae, com apenas quatro representantes na Amazônia brasileira. Todos eles são escaladores de corpos pequenos e leves, medindo entre 10 e 12 centímetros de altura, com coloração geral amarronzada. Seus bicos possuem aspecto de uma cunha, com a extremidade da mandíbula voltada para cima.

Na verdade, os bicos-virados *Xenops* pouco concorrem com quaisquer outros escaladores de troncos, pelo mero fato de eles explorarem quase exclusivamente galhos e gravetos de delgados diâmetros, quase sempre com menos de 5 centímetros de espessura.

A estratégia de quase todos os membros do gênero *Xenops* consiste em percorrer ativamente a superfície de caules de trepadeiras ou de galhos delgados de árvores à procura de alimento. Algumas vezes, eles podem explorar gravetos que já tenham se desprendido das plantas-mãe, estando suspensos momentaneamente na vegetação. Esse é um tipo de "lixo" florestal muito pouco explorado por quaisquer outras espécies de aves. Durante tais investigações, os pássaros alternam a busca entre cada lado dos caules (ou gravetos), através de movimentos circulares ou em zigue-zague. O bico é usado como um cinzel, para desalojar fragmentos da cortiça e abrir fendas longitudinais, pelas quais são extraídas larvas de besouros, aranhas diminutas, entre outros artrópodes.

A competição por recursos entre os bicos-virados *Xenops* parece ser bastante atenuada por alguns fatores, como o estrato da floresta e os nichos de alimentação preferidos por cada um deles.

O bico-virado-miúdo (*Xenops minutus*) atua solitariamente, nos primeiros andares da floresta, seguindo ocasionalmente bandos mistos de aves, incluindo as turmas dos uirapurus

Thamnomanes. O bico-virado-carijó (*Xenops rutilans*) é o representante das copas altas da terra firme, acompanhando grupos heterogêneos de aves que circulam nessa camada da floresta. O bico-virado-fino (*Xenops tenuirostris*), por sua vez, costuma ser mais observado nas florestas de igapó com solo arenoso, e também nas várzeas. O quarto membro da equipe, o bico-virado-da-copa (*Xenops-Microxenops milleri*), é o único a ostentar um modelo de bico sem o formato de cunha. Isso explica por que ele prefere coletar as presas diretamente na superfície de galhos, sem ter o trabalho de remover a cortiça. Ele aprecia certos nichos que não costumam ser explorados por seus parentes de bicos curvos, como cupinzeiros e formigueiros arborícolas.

Bico-virado

CAPÍTULO 6

Caçadores passivos

A maior parte das aves insetívoras de uma floresta movimenta-se ativamente, durante boa parte do dia, em busca de alimento. Isso serve também para muitos tipos de aves frugívoras ou nectarívoras. Caminhando no solo, voando entre a folhagem de árvores ou escalando troncos, cada qual segue seu caminho em busca de insetos e outros tipos de alimento.

Contudo, existe uma legião de aves que abdicou de viajar pela floresta, em prol de usar paradeiros mais ou menos fixos de espreita. Esse é o caso das famílias essencialmente neotropicais Bucconidae e Galbulidae. Tal estratégia deu tão certo nas florestas amazônicas, que é nessa vasta região que ambas conseguiram seu apogeu em termos de diversidade e ocupação espacial.

Contudo, apesar de compartilharem a estratégia de "sentar e esperar" pelas presas, os perfis corporais e os métodos de ataque de buconídeos e galbulídeos são razoavelmente diferentes.

Bicos-de-brasa, macurus, barbudos, freirinhas, entre outros buconídeos, possuem corpos gordos e plumagem fofa, bem como bicos fortes e aduncos, rodeados por cerdas grossas. São caçadores de tocaia ou espreita, confiando em seus olhos grandes e aguçados e em sua capacidade de vencer a inércia subitamente, com um voo arrebatador. O cardápio dessa turma inclui gafanhotos, besouros parrudos e até pequenos vertebrados.

Grande parte dos observadores de aves acaba conhecendo primeiro os bicos-de-brasa do gênero *Monasa*, antes de quaisquer outros membros da família. São aves negras de bico vermelho, com quase 30 centímetros de comprimento, que não se incomodam com os olhares curiosos dos humanos. Ademais, vivem em pequenos grupos, nas margens de rios, cantando ou emitindo chamados grotescos durante a maior parte do dia. Voando até o solo das várzeas, coletam gafanhotos, aranhas e até sapos pequenos.

A primeira vez que encontrei um macuru-de-testa-branca (*Notharchus hyperrhynchus*) foi em uma beira de mata, quase junto ao rio Cristalino, norte de Mato Grosso. A cabeça grande e o bico descomunal de cor negra, assim como uma faixa peitoral escura, tornam essa ave quase inconfundível na natureza.

Sentado em um galho grosso de árvore, o macuru-de-testa-branca manteve-se praticamente imóvel por quase dez minutos, até girar suavemente a cabeça para o lado. Com seus olhos vigilantes de cor vermelha, continuou a monitorar os arredores. Subitamente inclinou o corpo para a frente e empreendeu um voo retilíneo de quase 7 metros, retornando, em seguida, com uma robusta cigarra no bico. Logo, começou a bater o animalejo contra a superfície do mesmo galho em que estava pousado, de modo a dilacerá-lo antes da ingestão.

Demorei três dias para encontrar outro membro da família, um primo afastado dos macurus: o barbudo-de-pescoço-ferrugem (*Malacoptila rufa*). Tive sorte de ouvir seu canto, um trinado fino e longo, que poderia provir de uma rã ou de um inseto misterioso. Após quase meia hora de espera, a ave viajou rapidamente até o solo, levando um pequeno lagarto no bico até seu paradeiro de espreita.

Macuru-de-
-testa-branca

Cada espécie do gênero *Malacoptila* vive em uma região distinta da Amazônia, sendo quase impossível encontrar duas delas em um mesmo local. Esse tipo de distribuição geográfica, onde não existe concorrência entre pares ou grupos de espécies congêneres, é conhecido como alopatria. Já vimos isso anteriormente.

As freirinhas *Nonnula*, com plumagens ferrugíneas e cerca de 14 centímetros de comprimento, são os menores membros da família Bucconidae. Mas nem por isso deixam de capturar insetos volumosos. Isso pode ser compreendido quando observamos seus bicos avantajados, quase desproporcionais aos seus corpos. Elas sentam durante longos períodos em galhos ou lianas confortáveis, de modo a vigiar os acontecimentos da floresta. Defendem seus territórios por meio de cantos tímidos, geralmente compostos por uma série monótona de pios quase idênticos. Como acontece com os barbudos *Malacoptila*, raramente podemos encontrar duas freirinhas na mesma floresta.

Lembro-me de uma freirinha-de-coroa-castanha (*Nonnula ruficapilla*) que desenhei em uma de minhas cadernetas de campo, durante uma viagem à Serra dos Carajás, no estado do Pará. A pequena ave de boné acanelado havia capturado um gafanhoto verde e, em seguida, mostrava-se empenhada em matá-lo, com golpes bruscos, contra a superfície de um colmo de bambu. Como as presas geralmente são parrudas, as freirinhas e outros buconídeos precisam dilacerá-las em seus bicos até terem certeza de que sucumbiram.

As arirambas são quase tão pacatas e calculistas quanto os buconídeos. Porém, elas possuem um biótipo diferente: a plumagem iridescente, o formato esbelto do corpo e o bico quase sempre longo e pontiagudo podem até nos remeter aos beija-flores. Porém, tal impressão decorre de uma mera coincidência, pelo fato de arirambas estarem taxonomicamente distantes, além de serem essencialmente insetívoras e não apreciarem o néctar de flores.

As arirambas geralmente têm um palmo de comprimento, dorso esverdeado e ventre ferrugíneo. Asas pontiagudas e cauda comprida, além do bico fino e longo, estão diretamente relacionadas ao seu estilo de caçar. Todas elas são especialistas em capturar borboletas e libélulas em pleno ar. Seus alvos, portanto, são geralmente móveis, ao contrário dos buconídeos, que costumam surpreender presas mais pesadas que se arrastam vagarosamente no solo ou sobre galhos e troncos de árvores.

No alto rio Negro, a ariramba-de-bico-amarelo (*Galbula albirostris*) senta em galhos à beira de igarapés para acompanhar as rotas de insetos alados acima da correnteza. Com um voo arredondado, ela abate libélulas de corpos coloridos. Quase do mesmo jeito, procede a ariramba-de-cauda-ruiva (*Galbula ruficauda*) na beira do rio Tracoá, nos limites do Parque Nacional da Amazônia.

Se, por um lado, a maioria das arirambas *Galbula* possui a mesma estratégia para coletar alimento, por outro, raramente podem ser observadas lado a lado. Na verdade, algumas delas são alopátricas como os barbudos *Malacoptila*, fazendo parte do complexo da "superespécie" *Galbula galbula*. Outras arirambas, fora de tal complexo, ocupam nichos muito distintos, quase não competindo com nenhuma de suas primas.

A ariramba-do-paraíso (*Galbula dea*), de plumagem alvinegra, é a única espécie de sua família a ocupar os últimos galhos do dossel. Sua cauda extraordinariamente longa funciona como um "leme", nas manobras aéreas arrojadas que empreende, em busca de abelhas e borboletas que cruzam o espaço aéreo. A ariramba-bronzeada (*Galbula leucogastra*), por sua vez, habita matas secas e campinaranas de solo arenoso, onde praticamente nenhuma outra ave de sua família pode ser encontrada.

Arirambas-do-
-paraíso

Contudo, a legião de arirambas *Galbula* não é a única linhagem de galbulídeos da Floresta Amazônica. No estrato médio das florestas de terra firme, vive o jacamaraçu (*Jacamerops aureus*), o maior representante da família. Ele tem a aparência de uma ariramba gigante, com dorso esverdeado e

A conquista da floresta

ventre ferrugíneo. Seu bico descomunal parece ser adaptado para caçar presas maiores do que as consumidas por seus parentes de bico pontiagudo. Ademais, o jacamaraçu tem certa predileção por lagartas e outros tipos de presas que caminham na folhagem.

Na beira das matas que acompanham o alto rio Juruá, quase na fronteira com o Peru, encontrei um dos membros mais esquisitos da família Galbulidae: a ariramba-castanha (*Galbalcyrhynchus purusianus*). Com quase 20 centímetros de comprimento, pés vermelhos e corpo gordo de cor marrom, ela parece um tanto deselegante, quando comparada a quase qualquer outro galbulídeo. Além disso, seu bico cor-de-rosa é muito desenvolvido, aparentando ser desproporcional a suas próprias medidas corporais.

A ariramba-castanha utiliza galhos de embaúbas e outras árvores medianas, quase debruçados sobre o rio, para aguardar borboletas, mariposas e abelhas que circulam em sua área de monitoramento. Ela compete pouco com as arirambas *Galbula* que vivem nessa região, ocupando nichos ou estratos diferentes da floresta. As arirambas-do-paraíso, por exemplo, preferem as copas de árvores altaneiras, caçando as presas que viajam mais afastadas da calha do rio.

Os surucuás da família Trogonidae podem também ser incluídos entre os mestres da paciência. Quase todos eles pertencem ao emblemático gênero *Trogon*, um grupo de aves de porte médio, que alcançou seu esplendor — ao modo de macurus, freirinhas e arirambas — nas florestas amazônicas.

Surucuás possuem bico forte e serrilhado, olhos grandes cercados por membranas coloridas, asas curvadas e cauda quase retangular. Uma adaptação especial desse grupo de aves é o formato das asas, com as rêmiges meio tortas. Elas são ideais para voos entre brechas do estrato médio das matas, onde boa parte das espécies vive. Além disso, os surucuás possuem notável adaptação dos pés, com dois dedos para a frente e outros dois para trás, servindo para pousar confortavelmente. Esse modelo de pé é útil também para escavar ninhos em cupinzeiros arborícolas abandonados.

Surucuás são parcialmente insetívoros, visto que suas dietas abrangem também vários tipos de frutos. Utilizam voos rápidos e pesados, tanto para coletar os coquinhos de uma palmeira como para abater um inseto na folhagem de uma árvore.

Muito interessante é o fato de que podemos encontrar, em uma mesma floresta, até seis espécies do gênero *Trogon*. De certo modo, para os ornitólogos, sempre foi um desafio explicar a divisão de recursos entre toda a turma.

Contudo, por meio de uma série de observações empíricas e análises de conteúdos estomacais, alguns pesquisadores deram um passo inicial na compreensão da dieta das diversas espécies de surucuás da Amazônia. Eles concluíram que as espécies maiores comem mais frutos do que as menores. Isso já nos ajuda um pouco a compreender como os surucuás dividem seus recursos na floresta, e até como eles reduzem a competição com os macurus, arirambas e afins. Nessa tarefa, é preciso também levar em conta o tipo de ambiente e até os estratos florestais preferidos por cada espécie.

A região do rio Cristalino é um dos lugares mais ricos em espécies de surucuás de toda a América do Sul. Seis espécies do gênero *Trogon* podem ser encontradas em poucos dias. Trata-se de uma paisagem ideal para colocarmos em prática o conhecimento que temos sobre cada tipo de surucuá. Então, compreenderemos, pelo menos em parte, como as florestas foram conquistadas por esse time de aves.

Começaremos pelas duas maiores espécies: o surucuá-de-cauda-preta (*Trogon melanurus*) e o surucuá-de-barriga-

-amarela (*Trogon viridis*). O surucuá-de-cauda-preta, com mais de 30 centímetros de altura, habita o âmago das florestas de terra firme, onde descansa sobre lianas e galhos horizontais. Demarca seu território no estrato médio da mata, com a cor vermelha de sua barriga e um estilo de canto forte e cavernoso. Aprecia os frutos de palmeiras, como a bacaba (*Oenocarpus bacaba*) e o açaizeiro (*Euterpe precatoria*), bem como grandes lagartas e gafanhotos — que coleta com voos exuberantes dirigidos à folhagem de árvores. O surucuá-de-barriga-amarela também aprecia as camadas medianas da floresta, mas parece ser mais versátil com relação aos ambientes, aparecendo frequentemente junto das águas do rio Cristalino ou em bordas de matas.

O extremo oposto da escala de tamanho é ocupado pelo surucuá-violáceo (*Trogon ramonianus*), que mede apenas 22 centímetros de comprimento. Ele pode até ser encontrado no mesmo local das espécies anteriores, mas não costuma disputar os mesmos recursos com elas, sendo pouco frugívoro e apreciador de presas menores. Seu território é marcado por um canto repleto de notas idênticas, que lembram os gritos de um cachorro pequeno, ao longe.

O quarto membro do time tem a cabeça verde e o ventre escarlate, com uma bela faixa peitoral alva: o surucuá-de-coleira (*Trogon collaris*). Quase do tamanho do surucuá-violáceo, ele é basicamente insetívoro, pouco competindo com seus parentes anteriores, pelo fato de preferir os primeiros andares da floresta.

O surucuá-dourado-da-amazônia (*Trogon rufus*) é um raro habitante das florestas de terra firme do rio Cristalino. Ele tem uma suave preferência por áreas com bambuzais do gênero *Guadua*, onde parece coletar boa parte de seu alimento. O surucuá-de-barriga-vermelha (*Trogon curucui*), por sua vez, vive a maior parte do tempo nas florestas ribeirinhas e ao longo de corixos, onde seus primos da terra firme aparecem apenas ocasionalmente.

Surucuá-dourado-
-da-Amazônia

Parentes relativamente próximos dos surucuás, os udus também são caçadores passivos que possuem uma dieta à base de insetos e frutos. São aves grandes de bico forte, cabeça colorida e cauda que termina em uma estranha espátula. Na verdade, as caudas dos pássaros da família Momotidae são um bom indicador de suas emoções. Eles podem arrebitá-las quase até a nuca, bem como movê-las como um pêndulo, quando estão nervosos por algum motivo. Quase todos os udus constroem ninhos em barrancos da beira da mata, onde aprimoram galerias já parcialmente existentes. Nesse pormenor, diferem dos surucuás, que preferem colocar seus ovos em cupinzeiros abandonados.

Os udus são menos diversificados do que os surucuás, macurus e arirambas, sendo de fácil compreensão a divisão de recursos entre as diferentes espécies.

As duas espécies que habitam as florestas do rio Cristalino são o udu-de-coroa-azul (*Momotus momota*) e o udu-de-bico-largo (*Electron platyrhynchum*). Enquanto o primeiro é quase exclusivo das beiras de matas sazonalmente inundadas, o segundo é amante das florestas de terra firme. O mesmo acontece no alto rio Juruá, em terras acrianas.

Gaviões

Dentre as aves que fazem parte da guilda de caçadores passivos, podemos incluir também alguns tipos de gaviões, que são amplamente distribuídos na Floresta Amazônica. Quase todos são verdadeiras "máquinas de matar", munidos de olhos aguçados, paciência e garras potentes. Se, por um lado, grandes rapineiros como o gavião-real (*Harpia harpyja*), o uiraçu-falso (*Morphnus guianensis*) e o gavião-pega-macaco (*Spizaetus tyrannus*) baseiam sua alimentação em animais robustos, como aves e macacos, por outro lado, existem alguns gaviões de pequeno porte que caçam, frequentemente, insetos e outros artrópodes.

O tamanho de um gavião, contudo, nem sempre é um indicador de sua dieta. Existem alguns casos de rapineiros pequenos que comem quase somente pássaros e lagartos. Mas também há certos gaviões de porte médio que podem frequentar revoadas de cupins e formigas.

Boa parte dos gaviões utiliza a estratégia de "sentar e esperar" por suas presas. Eles aguardam a hora certa para o ataque pacientemente: um voo rasante, uma manobra ligeira entre brechas da vegetação ou mesmo um bote.

O menor membro da academia dos rapineiros é o gaviãozinho (*Gampsonyx swainsonii*), com apenas 22 centímetros de comprimento. Pelo fato de ser uma espécie típica de ambientes abertos, compete muito pouco com os gaviões maiores que vivem nas florestas. Sua alimentação inclui grandes insetos, como gafanhotos e besouros, e lagartos, que são apanhados em cerrados e em áreas desmatadas.

O gavião-miudinho ou tauató-passarinho (*Hieraspiza superciliosa*) é o próximo da lista, considerando a escala de tamanho da família Accipitridae. Apesar de suas modestas dimensões, com 25 centímetros de altura e peso de 70 gramas, é um intrépido caçador de pássaros florestais de portes variados, desde beija-flores até surucuás. Insetos como cigarras e gafanhotos estão moderadamente presentes em sua dieta. Após uma fase de espreita, o tauató-passarinho empreende seu voo assassino entre brechas da floresta, pegando as vítimas com suas garras amarelas. O bico não é robusto, mas possui um gancho suficiente para dilacerar os corpos de suas presas.

Um pouco maior do que a espécie anterior, o gavião-ripina (*Harpagus bidentatus*) paira por cima da floresta, à procura de insetos parrudos e lagartos que estejam passeando nas copas das árvores. Seu bico com dois dentes é um instrumento apropriado para rasgar a pele ou a carapaça de suas vítimas. Nas horas de descanso, escolhe galhos grossos de árvores, de onde espreita calmamente os acontecimentos da floresta. O seu território é demarcado com um canto pitoresco, que pode lembrar ao longe os latidos de um cachorro.

Gavião-ripina

Com o mesmo porte de seu parente de bico denteado, o gavião-bombachinha-grande (*Accipiter bicolor*) vive em diversos lugares da Amazônia, quase sempre espreitando a rotina de outras aves da floresta, suas principais vítimas. Apesar de compartilhar esse hábito com o pequeno tauató-passarinho, suas presas são, em média, bem maiores do que as escolhidas por esse último. Ele é capaz de surpreender tucanos, saracuras e até outros gaviões. Insetos parecem ser meros petiscos em seu cardápio.

O sovi (*Ictinia plumbea*), de plumagem cinzenta, com a extremidade das primárias ferrugínea, passa a maior parte de sua vida planando, em busca de revoadas de formigas e cupins. Aprecia também as grandes cigarras que fazem um coro matinal durante o verão. Ao contrário dos tauatós e bombachinhas, o sovi quase não se interessa por perseguir outras aves.

A dupla de gaviões do gênero *Leucopternis* busca seu alimento dentro das florestas, raramente sendo observada voando acima das copas de árvores. Enquanto o gavião-de-cara-preta (*L. melanops*) habita as matas ao norte do rio Amazonas, o gavião-vaqueiro (*L. kuhli*) vive exclusivamente ao sul do grande rio. Ambos caçam preferencialmente cobras e lagartos — e, apenas ocasionalmente, artrópodes. Para avisar intrusos indesejáveis, como outros tipos de rapineiros, ambos emitem potentes gritos de timbre metálico e penetrante.

Seguindo na escala de tamanho, os próximos rapineiros são o gavião-gato (*Leptodon cayanensis*) e o gavião-pombo-da-amazônia (*Pseudastur albicollis*). Ambos possuem cerca de meio metro de comprimento. O primeiro tem a cabeça cinzenta, o ventre claro e as costas negras. A cauda, relativamente longa, é barrada de preto e branco. A despeito de seu porte, o gavião-gato aprecia vários tipos de insetos, desde cupins até gafanhotos. Aves e lagartos são predados apenas ocasionalmente.

O gavião-pombo é uma espécie essencialmente amazônica, com dieta basicamente carnívora.

Um caso curioso de especialização é o do gavião-pernilongo (*Geranospiza caerulescens*), de plumagem cinzenta e cauda muito longa. Ele possui certas adaptações morfológicas especiais que facilitam a exploração de cavidades de troncos e plantas epífitas. Suas pernas são compridas, os dedos externos são curtos e a articulação intertarsal é dotada de grande mobilidade. Apanha baratas e pererecas dentro de bromélias, e lagartos, em fendas da cortiça de troncos. O gavião-pernilongo lança mão de certa criatividade na sua busca por presas: segue incêndios, que evidenciam animais em fuga, ou acompanha bandos de macacos nervosos, que espantam insetos grandes quando quebram a casca dos galhos. De certo modo, ele não compete com outros gaviões florestais pelo mero fato de ser uma espécie versátil e tolerante às diversas condições ambientais.

A legião de gaviões que habita a Amazônia inclui espécies de comportamentos e hábitos alimentares variados, desde basicamente insetívoras até verdadeiramente carnívoras. Enquanto alguns se especializaram em caçar pássaros, outros preferem seguir queimadas ou revoadas de cupins e formigas. Há casos de espécies que vivem no âmago das florestas em busca de grandes insetos, enquanto outras gastam a maior parte de seu tempo procurando cavidades promissoras de troncos fora da floresta. A concorrência com a maioria dos pássaros pequenos de dieta insetívora não é acentuada, em virtude de os gaviões preferirem insetos mais robustos que possam ser apanhados com suas garras. Pequenos percevejos, moscas ariscas e besouros minúsculos estão geralmente fora de suas miras.

CAPÍTULO 7

Caçadores da folhagem do dossel

A maior parte das árvores altas e dos cipós que se esticam até o dossel guarda a folhagem apenas para seus topos, de modo a competir com a miríade de folhas de seus vizinhos, pela luminosidade que vem do céu. Dessa forma, muitas plantas tiram o melhor proveito da captação de luz e da produção de energia via fotossíntese.

Poucos ecossistemas de nosso planeta possuem a produtividade e a complexidade de interações dos dosséis amazônicos. Inúmeras oportunidades para aves (e para outros animais de dietas variadas) são oferecidas, não apenas pelos insetos que vivem nas folhas e nos galhos, mas também por uma miríade de frutos e flores. Macacos e morcegos disputam, com papagaios e tucanos, os frutos vermelhos de gigantescas figueiras — e também as sementes coloridas das sapindáceas e as flores amarelas das castanheiras. Abelhas, vespas e borboletas, que circulam diariamente em flores de cipós das famílias Apocynaceae e Bignoniaceae, servem de alimento a diversos pássaros insetívoros. Alguns gaviões planam sobre as copas, perseguindo, com voos rasantes, pássaros, macacos e lagartos.

Existe uma turma de aves insetívoras que é especializada em catar insetos nas últimas camadas de folhas da floresta. Grande parte delas se organiza em "batalhões solidários" (ou "bandos mistos", como preferem os ornitólogos), que percorrem o dossel nas primeiras horas do dia. Eles precisam otimizar sua busca por presas, antes que a luz solar se intensifique e torne essa tarefa muito penosa. As tardes, assoladas por altas temperaturas e até por tempestades em certas épocas do ano, não costumam ser tão promissoras quanto as manhãs para a descoberta de alimento.

Um dos melhores lugares que eu conheço para observar a vida das aves do dossel, incluindo a rotina de pequenos caçadores de insetos, é o Cristalino Lodge, no norte de Mato Grosso. Duas torres de observação com quase 50 metros de altura, uma de cada lado do rio Cristalino, possibilitam esse tipo de atividade.

Em uma escala de tamanho, as choquinhas do gênero *Myrmotherula* podem ser consideradas os menores pássaros que buscam insetos nas copas das florestas dessa região. A essa altura, já sabemos que esse gênero inclui também espécies que vivem no sub-bosque e no estrato médio da floresta.

A choquinha-de-garganta-amarela (*Myrmotherula sclateri*), com apenas 8 centímetros de comprimento, é uma das menores catadoras de presas da folhagem em torno do último patamar das torres. Quase certamente não há nenhum outro pássaro por aqui que consiga aproveitar, tanto quanto ela, os diminutos interstícios entre as folhas verdes do terraço da floresta. Asas redondas, cauda muito curta e um bico forte e comprido fazem parte de sua aparelhagem, tanto para se embrenhar agilmente entre os limbos foliares como para surpreender lagartas, percevejos e moscas diminutas.

A choquinha-de-garganta-amarela aprecia acompanhar os "batalhões solidários" de pássaros que pisoteiam a folhagem do terraço da floresta nas primeiras horas da manhã. Desse modo, ela aproveita o rebuliço causado por seus vizinhos, que acaba por tornar evidentes muitos insetos de disfarces quase perfeitos.

Choquinha-de-
-garganta-amarela

Essa estratégia também é usada por outros pássaros pequenos de dieta insetívora, como a choquinha-miúda (*Myrmotherula brachyura*) — uma sósia da espécie anterior, que vive nas subcopas da floresta. Habitando patamares ligeiramente diferentes, ambas conseguem atenuar a competição pelos mesmos recursos.

Mais de uma dezena de pequenos tiranídeos (e afins), medindo entre 8 e 14 centímetros, conquistaram o topo da floresta, na região do rio Cristalino. Quase todos eles são insetívoros radicais, de dorso esverdeado, ventre amarelo e duas barras brancas nas asas. Seus bicos possuem diferentes tamanhos e formatos, desde curto e fino até largo e plano. A estratégia de caça mais usada por essa equipe consiste em voos ascendentes, com eventuais adejos na iminência da coleta. Afinal de contas, eles são conhecidos mundialmente como *flycatchers*.

O menor *flycatcher* que costuma circular em torno das torres é o poaieiro-de-sobrancelha (*Ornithion inerme*), com apenas

8 centímetros de comprimento. Ele é um caçador de pequenos artrópodes que utiliza em suas rotas galhos com pouca densidade de folhagem para observar os arredores. Costuma alternar sua atividade de caça entre a folhagem e os galhos delgados de árvores.

O ferreirinho-de-sobrancelha (*Todirostrum chrysocrotaphum*) tem um modelo de bico largo e plano, que parece grande demais para seu próprio tamanho. Tal instrumento serve para capturar presas relativamente parrudas, como percevejos e vespas. Ao contrário da espécie anterior, ele mira suas vítimas (quase sempre) na densa folhagem das árvores, voando subitamente para capturá-las. O ferreirinho-pintado (*Todirostrum pictum*) poderia até ser um "concorrente perfeito" de seu sósia de sobrancelha; porém, ele aparece somente nas florestas ao norte do imenso rio Amazonas.

Quase tão pequena quanto seus parentes anteriores, a maria-te-viu (*Tyrannulus elatus*) tem bico curto e pontiagudo e o hábito de pousar em poleiros expostos. Sua dieta é composta de insetos e frutos de ervas-de-passarinho. Em uma de minhas cadernetas de campo, desenhei um indivíduo coletando um pequeno mosquito em pleno ar. O poaieiro-da-guiana (*Zimmerius acer*) parece uma réplica da espécie anterior, porém com dieta vegetariana aparentemente mais diversificada.

A maria-pechim (*Myiopagis gaimardii*) é um pouco maior do que os ferreirinhos e poaieiros, chegando a medir 13 centímetros de comprimento. Quando aborrecida, por algum motivo, ou nos momentos de cortejo, ela exibe uma bela crista alva com as extremidades pretas. Costuma marcar seu território com um assobio duplo muito original: "su-íít". Como outras espécies do gênero *Myiopagis*, sua dieta é composta de insetos e fartas quantidades de frutos. Nas oportunidades em que pude acompanhar, por alguns minutos, a maria-pechim, notei que os insetos eram apanhados em pleno ar ou em teias de aranha esticadas entre galhos da copa.

Os membros do gênero *Tolmomyias* são habitantes do dossel de bicos largos e achatados. Sua dieta é composta basicamente de insetos — apenas raramente de frutos. São caçadores calculistas e versáteis, que percorrem as copas das árvores vagarosamente. Costumam se aproveitar de promissores eventos da floresta, como "batalhões solidários" e florações massivas, para agilizar a busca por artrópodes.

Dependendo das circunstâncias, o bico-chato-de-orelha-preta (*Tolmomyias sulphurescens*) utiliza suas "cartas na manga" para sobreviver. Em torno de florações de palmeiras e de árvores emergentes, ele voa para capturar abelhas e vespas em pleno ar. Seguindo bandos mistos, ele se aproveita das presas que são arremessadas da folhagem devido à turbulência causada pela legião de caçadores. Usa também seus olhos sagazes para descobrir lagartas, percevejos e besouros que descansam sobre as folhas.

Bico-chato-de-
-orelha-preta

O bico-chato-de-orelha-preta constrói um dos mais pitorescos ninhos da Floresta Amazônica. Trata-se de uma bolsa negra, feita com fibras vegetais extraídas de cipós da floresta. O casal suspende sua moradia acima de igarapés, junto a vespeiros ou nas imediações de outros ninhos de aves, de modo a evitar que micos, quatis e outros animais roubem os ovos e até os ninhegos.

Certos tiranídeos do dossel utilizam a técnica de "sentar e esperar" pelas presas. A viuvinha (*Colonia colonus*) senta em ramos desfolhados de árvores altaneiras para acompanhar as rotas de borboletas, vespas e besouros. Ela possui um biótipo plenamente adaptado para perseguir presas aladas em pleno espaço aéreo — asas longas e pontiagudas, e cauda com um par de retrizes extremamente compridas. Ao contrário da maioria das espécies anteriores, ela raramente utiliza a folhagem de árvores como substrato de caça. O bem-te-vi-barulhento (*Myiozetetes luteiventris*) defende seu território no topo da floresta com gritos ásperos de timbre anasalado. Ele gosta de olhar a mata de cima para baixo, de modo a descobrir a frutificação de árvores ao longo do ano. Os insetos parecem preencher apenas uma pequena parte de sua dieta essencialmente frugívora.

Chegamos, agora, ao membro mais pesado da equipe de *flycatchers* do terraço das florestas do rio Cristalino: o gritador (*Sirystes sibilator*). Na verdade, ele é um dos mais espertos pássaros da família Tyrannidae. Com o passar do tempo, ele convenceu quase todas as outras espécies que vimos anteriormente a segui-lo nas copas das árvores. Para angariar seus súditos, o gritador canta muito alto e emite alarmes possantes ao menor sinal de perigo, como o chamado de um gavião. Enquanto seus seguidores ganham proteção e confiança, ele tira proveito de uma miscelânea de presas que se tornam evidentes com a perturbação mecânica da folhagem das árvores. Frutos compõem uma razoável porção de sua dieta.

Um dos pássaros do dossel mais cobiçados pelos observadores de aves que visitam o Cristalino Lodge é a cambaxirra-cinzenta (*Odontorchilus cinereus*). Ao contrário da grande maioria das aves da família Troglodytidae, a mesma da cambaxirra de nossos jardins, essa espécie vive a maior parte de sua vida nas ramarias mais elevadas da floresta. Seu canto é constituído de uma série de notas duras com espaçamentos pequenos e quase homogêneos, em andamento rápido. A cambaxirra-cinzenta é uma caçadora ativa de insetos que vivem na folhagem e na superfície dos galhos.

Os vite-vites-de-barriga-amarela (*Pachysylvia hypoxantha*) pouco competem com a turma anterior, sobretudo por serem caçadores de lagartas e coletores de frutos miúdos. A estratégia principal de caça costuma envolver duas fases de execução. Na primeira, a ave salta ou voa até a superfície de uma folha enrolada, agarrando a extremidade do limbo com os dois pés. Depois, a ave suspensa pinça uma pequena lagarta ou aranha em meio à seda pegajosa. A preferência por folhas com limbos curvos (ou aderidos aos de outras folhas) potencializa a coleta de lagartas de borboletas e mariposas. Já o cardápio vegetariano dos vite-vites-de-barriga-amarela pode incluir diferentes tipos de frutos, apesar de haver certa predileção pelas bagas de ervas-de-passarinho do gênero *Struthanthus*.

As saíras, os saís e afins (família Thraupidae) vivem em grupos coesos, que apreciam se unir a bandos heterogêneos de aves do dossel. Em geral, são pequenas aves onívoras de plumagem colorida, que passam a maior parte de seus dias procurando frutos e insetos. As estratégias para angariar alimento são facilitadas pelo elevado poder de voo e pela índole solidária. Existe certa cooperação entre os membros de cada espécie, tanto para descobrir novas frutificações ou florações na floresta como para caçar insetos nos galhos ou na folhagem das árvores.

Enquanto as saíras do gênero *Tangara* podem consumir doses semelhantes de insetos e frutos, os saís dos gêneros *Cyanerpes* e *Dacnis* utilizam bastante o néctar de flores. Saíras e saís podem tolerar — e até apreciar — a presença de outros traupídeos na mesma árvore, especialmente quando estão comendo frutos ou sugando néctar de flores. Por esse motivo, os pesquisadores alegam que existe uma maior sobreposição de nichos quando os pássaros dessa família buscam itens vegetais. Contudo, existem certas predileções alimentares ainda não muito bem compreendidas, que podem ainda alterar esse "dogma trófico". É preciso ter em mente que, na busca por insetos, pode haver maior ou menor sobreposição de nichos alimentares, dependendo das espécies em questão.

A saíra-diamante (*Tangara velia*) é quase completamente azul-turquesa, com tons anegrados no dorso. Quando estamos no alto das torres de observação, é possível notar seu hábito de coletar insetos na superfície de galhos grossos. Cada membro da equipe percorre agilmente a ramaria desfolhada de certas árvores altaneiras, curvando a cabeça para baixo de modo a inspecionar as faces laterais e o lado inferior dos galhos. Talvez o pouco interesse pela folhagem verdejante, como substrato de caça, seja uma maneira de atenuar a competição com as choquinhas e os *flycatchers* por suas presas. Dentre todas as saíras *Tangara*, a saíra-diamante é uma das poucas que coletam, com certa frequência, o néctar de flores.

As saíras-do paraíso (*Tangara chilensis*), com uma das plumagens mais exuberantes do mundo das aves, também são especialistas em inspecionar a superfície de galhos, da copa das árvores, quando estão procurando insetos. Porém, o diâmetro dos galhos costuma ser, em média, inferior ao dos galhos explorados pela saíra-diamante. Frutos de figueiras, embaúbas e também de pimentas-de-macaco (*Xylopia* spp.) fazem parte de sua dieta frugívora.

A saíra-de-bando (*Tangara mexicana*) também captura a maior parte de suas presas na superfície de galhos nus; porém, compete pouco com suas parentes anteriores, pelo fato de preferir bordas de florestas, áreas abertas com árvores isoladas e até plantações.

No alto das torres do Cristalino Lodge também podemos encontrar a incomum saíra-ouro (*Tangara schrankii*). Ela possui coloração verde, com o centro da barriga amarelo e uma máscara negra em torno dos olhos. É vista ao sul do grande rio Amazonas e também em outros países, como Bolívia e Venezuela. Quando o assunto é caçar insetos, podemos dizer que a saíra-ouro pouco concorre com outros tipos de saíras, principalmente por explorar a folhagem das árvores e teias de aranha.

Saíra-ouro

A saíra-de-cabeça-castanha (*Tangara gyrola*) anuncia seus "domínios" com um apelo anasalado muito característico. Dentre seus frutos preferidos, podemos mencionar os figos de figueiras nativas e as espigas de embaúbas. Ela pertence ao time de saíras que busca insetos na superfície de galhos delgados.

A sexta representante do gênero *Tangara* é a saíra-mascarada (*Tangara-Stilpnia nigrocincta*). Ela possui certos hábitos que são bem diferenciados daqueles normalmente apresentados por outras saíras, como a vida em pares e o pouco interesse por insetos e quaisquer outros artrópodes.

Os saís dos gêneros *Cyanerpes* e *Dacnis* diferem das saíras *Tangara* em alguns aspectos, como a predominante coloração azul, o bico muito fino (e eventualmente curvo) e a dieta com elevadas doses de néctar.

O saí-de-bico-curto (*Cyanerpes nitidus*) é um pequeno pássaro de apenas 10 centímetros de comprimento, de coloração geral azul, com a garganta e as asas pretas. O saí-de-perna--amarela (*Cyanerpes caeruleus*) aparenta ser uma réplica da espécie anterior, porém com as pernas amarelas e o bico mais comprido. Ambos são muito sociáveis, percorrendo as copas das árvores lado a lado, por vezes também associados às saíras.

Os saís *Cyanerpes* parecem mais versáteis (ou menos especializados) do que as saíras, com relação aos substratos onde caçam insetos. Galhos, folhas e até o espaço aéreo são usados em suas emboscadas. Além disso, despendem boa parte de seu tempo em torno de florações da copa, incluindo as flores de ervas-de-passarinho do gênero *Psittacanthus*, de maracujás silvestres (*Passiflora* spp.) e de certas árvores altaneiras (veja o capítulo 1).

Se, por um lado, as diferenças nos hábitos alimentares e nos substratos de caça são um tanto nítidas entre os saís e as saíras, por outro lado, entre os próprios saís, não parecem tão óbvias. Eu apostaria nas dimensões do bico para explicar "sutis distinções" entre seus hábitos alimentares. Dessa forma, é possível que o saí-de-bico-curto explore em maior proporção flores com corolas mais curtas e capture insetos menores, quando comparado ao seu primo de perna amarela. Um bico mais longo pode estar mais associado à exploração (e polinização) de flores mais profundas, e até à captura de insetos alados, como abelhas e vespas.

As três espécies do gênero *Dacnis* que podemos encontrar ao redor das torres do Cristalino Lodge apresentam certas peculiaridades comportamentais e predileções por diferentes ambientes. Todas vivem em casais durante a maior parte do tempo, associando-se ocasionalmente a bandos de saíras e saís.

O saí-de-máscara-preta (*Dacnis lineata*) ocorre em toda a região amazônica, sendo bastante relacionado às camadas mais elevadas das florestas de terra firme. Ele aprecia diversos tipos de frutos, como as espigas de embaúbas, as bagas de melastomatáceas e as sementes ariladas de mamicas-de-porca do gênero *Zanthoxylum*. Captura insetos principalmente na folhagem de árvores altas, usando determinadas acrobacias para se pendurar nos limbos foliares. O açúcar das flores é um importante item de sua dieta. O saí-azul (*Dacnis cayana*) parece depender menos de áreas florestadas do que seu parente anterior. Porém, sua dieta é muito semelhante à do saí-de-máscara-preta. O saí-amarelo (*Dacnis flaviventer*), por sua vez, pode ser distinguido de seus companheiros pela coloração da plumagem. Ele apresenta uma acentuada predileção pelas florestas de várzea com solo sazonalmente inundado.

Os tiês e tem-tens dos gêneros *Loriotus* e *Maschalethraupis* demonstram uma dieta onívora, como as saíras e os saís; contudo, apenas raramente consomem néctar de flores. Os machos possuem corpos esguios, plumagem negra e, em alguns casos, uma bela crista colorida. Enquanto o tiê-galo (*Loriotus cristatus*) percorre as copas das árvores em pequenos grupos familiares, os outros tem-tens preferem os níveis mais baixos das florestas. O tem-tem-de-dragona-branca (*Loriotus luctuosus*) vive aos pares, nas bordas das matas e clareiras. Em florestas de solo arenoso, podemos encontrar o tem-tem-de-topete-ferrugíneo (*Maschalethraupis surinamus*). Todos eles são coletores de frutos e caçadores de lagartas e outros insetos da folhagem.

Tem-tem-de-topete-
-ferrugíneo

Uma das mais espetaculares espécies da família Thraupidae é a pipira-de-bico-vermelho (*Lamprospiza melanoleuca*). Com 17 centímetros de altura e 34 gramas de peso, ela é bem mais robusta do que as saíras e os saís. Usa seu bico grosso de cor escarlate para capturar insetos grandes e quebrar frutos rígidos, itens que costumam ser inacessíveis para seus parentes coloridos de menor porte.

Bandos numerosos da pipira-de-bico-vermelho (em muitos casos, associados aos saís *Cyanerpes*) percorrem as árvores mais altas da floresta de terra firme, capturando insetos tanto na cortiça de galhos como na folhagem, e até no espaço aéreo. A emissão de chamados sonoros de duas notas, audíveis a longa distância, serve à coesão dos membros do bando e também como aviso para outros pássaros que desejem se unir a eles para percorrer a floresta.

Embora haja argumentos plausíveis — baseados na observação das espécies na natureza — para explicar a segregação de hábitat e distinções na dieta (e nos comportamentos associados) de boa parte dos traupídeos, é preciso levar em conta, também, o elevado poder de deslocamento e de cooperação intra e interespecífica. Nesse contexto, um dos segredos para o sucesso e esplendor dessa família nas terras amazônicas pode estar associado não apenas aos "caminhos tróficos" sutilmente diferentes, mas também a sistemas de cooperação multifacetados, entre distintas linhagens.

Um dos artifícios, usado por quase todas as espécies da família Thraupidae, é a emissão de vozes pelos bandos durante o deslocamento. É possível que tais vozes possam ser "compreendidas" em âmbito geral, dentro da família, servindo para sinalizar a descoberta de fontes de alimento (como frutos e flores) e, dessa forma, economizar o tempo de grupos de espécies. Um sistema de troca de favores entre as espécies, através do tempo evolutivo, poderia apontar para uma das mais espetaculares "simbioses" das florestas neotropicais.

Não poderíamos deixar de incluir os japus e japins entre os caçadores de insetos e outros artrópodes do dossel. Na verdade, eles figuram entre os mais curiosos e habilidosos pássaros de toda a floresta. Sua engenhosidade pode ser percebida, por exemplo, nos ninhos que são capazes de construir. São bolsas enormes, tecidas com fibras vegetais, e suspensas em galhos altaneiros da floresta. O sistema de segurança de tais comunidades costuma ficar a cargo dos machos, enquanto as fêmeas cuidam da prole. A alimentação de japus e japins é constituída de vários itens vegetais e animais, sendo ainda muito pouco conhecida. Os ornitólogos têm enfatizado a importância de seus bicos fortes e pontiagudos, na obtenção e consumo de frutos, néctar e artrópodes. Tais instrumentos servem para abrir frutos rígidos, pinçar sementes, remover flores, quebrar cortiças frouxas de árvores e até para destruir cupinzeiros arborícolas.

Dois tipos de japus podem ser encontrados nas florestas ao longo do rio Cristalino. O japuguaçu (*Psarocolius bifasciatus*) é o maior representante da família Icteridae, com quase meio metro de comprimento. Seu bico colorido de vermelho e preto, com uma área rosada de pele nua atrás da mandíbula, é uma obra-prima da natureza. Quando voa em grupos acima da floresta, exibe sua larga cauda amarela que contrasta com as asas marrons.

O japuguaçu costuma se interessar por uma miscelânea de frutos e flores que despontam, ao longo do ano, nas camadas elevadas das matas. Ele usa o açúcar das flores dos mulungus do gênero *Erythrina* como combustível para suas jornadas diárias. Os frutos de mamicas-de-porca (*Zanthoxylum* spp.) são consumidos no outono em Mato Grosso. A segunda espécie, o japu (*Psarocolius decumanus*), prefere viver em florestas secundárias ou em torno de lagos e plantações.

Os diferentes japins do gênero *Cacicus* parecem ter um acordo entre eles, quando o assunto é a ocupação espacial da floresta. O japim-xexéu (*Cacicus cela*) habita a borda ensolarada dos rios, onde edifica suas bolsas suspensas em galhos de ingás sobre a correnteza. O vozerio da colônia costuma ser intenso, e alguns indivíduos imitam as aves que vivem no entorno, como garças e gaviões. O japim-guaxe (*Cacicus haemorrhous*) tem preferência pela copa das florestas de terra firme, podendo aparecer apenas ocasionalmente nas matas de várzea.

Embora poucos estudos tenham sido dedicados à segregação alimentar entre japus e japins, é um tanto lógico imaginar que cada espécie atenue o fator competição através da exploração de frutos, flores e insetos do ambiente particular em que vive. Assim, um japu ou japim que vive na orla do rio não será importunado por seus parentes das copas altas da terra firme.

CAPÍTULO 8

O céu é o limite

As últimas camadas de folhas e galhos de uma floresta poderiam até ser o limite para as aves insetívoras, caso todos os insetos fossem "bem comportados" e não buscassem o espaço aéreo, em pelo menos parte de suas vidas, a mais de 50 metros de altura.

Na verdade, a vida de alguns grupos de insetos, como formigas e cupins, inclui revoadas de numerosas tribos em certas épocas do ano. Podemos encarar isso como uma festança nupcial, na qual os numerosos machos fecundam as fêmeas, até desaparecerem efemeramente. Depois as fêmeas descem ao solo para fundar novas colônias.

Embora existam muitas aves, como urubus e gaviões, planando no céu durante boa parte do dia, são os andorinhões da família Apodidae que aproveitam intensamente os banquetes de insetos de tais festanças. Eles cruzam o espaço aéreo em alta velocidade, abocanhando formigas e cupins alados, entre outros insetos que se aventurem acima do terraço da floresta. Para alcançar sucesso nessa extraordinária tarefa, os andorinhões são aparelhados com corpos de formatos aerodinâmicos, com asas longas, estreitas e rígidas como bumerangues. Os bicos com a base larga servem para capturar as presas durante o voo.

Embora nem sempre seja fácil definir a segregação ecológica entre todas as espécies de andorinhões que habitam uma mesma região, podemos compreender, ao menos através de observações empíricas, como algumas delas conquistaram espaços quase exclusivos no céu.

No Parque Nacional da Amazônia, encontrei quatro espécies de andorinhões sobrevoando tanto florestas como áreas abertas, nos arredores da cidade de Itaituba (Pará). A tesourinha ou andorinhão-do-buriti (*Tachornis squamata*) sobrevoa locais com extensos buritizais (*Mauritia flexuosa*), raramente aparecendo sobre as florestas densas do parque. Enquanto um de seus nomes vulgares faz alusão à cauda comprida e bifurcada (com o formato de uma tesoura), o outro menciona a dependência de buritis que essa espécie apresenta. De fato, o andorinhão-do-buriti é um especialista nesse tipo de palmeira, construindo seu ninho — e também dormindo — nas largas frondes de buritis. O andorinhão-de-rabo-curto (*Chaetura brachyura*) é a menor espécie de sua família que podemos encontrar na região. Embora ele até frequente o espaço aéreo bem acima das florestas de terra firme, costuma mesmo caçar sobre áreas abertas, aparecendo com certa regularidade no céu que cobre a cidade de Itaituba. O andorinhão-de-sobre-branco (*Chaetura spinicaudus*) é um pouco maior do que a espécie anterior, voando em círculos sobre florestas de terra firme e lagoas do Parque Nacional. O mais robusto da turma é o andorinhão-de-chapman (*Chaetura chapmani*), com quase 13 centímetros de comprimento. É tentador imaginar que ele abocanhe, em voo, presas maiores que seus parentes de menor peso. Pode ser encontrado ao lado dos andorinhões-de-sobre-branco nas orlas de matas e clareiras.

Apesar de os andorinhões serem as aves mais especializadas em coletar insetos acima das florestas da Amazônia, eles não estão sozinhos nessa tarefa. Algumas poucas andorinhas da família Hirundinidae podem ocupar quase o mesmo nicho alimentar dos andorinhões.

Andorinhão-de-
-rabo-curto

    Andorinhas podem até parecer com os andorinhões quando estão voando em busca de insetos, mas as semelhanças entre esses dois grupos de aves não vão muito além do aspecto geral. Andorinhas possuem asas curtas, largas e não tão rígidas como as dos andorinhões. Além disso, jamais alcançam a velocidade dos andorinhões, voando abaixo das camadas exploradas por esses últimos.
    Apesar de haver várias espécies de andorinhas no Parque Nacional da Amazônia e em áreas adjacentes, apenas duas delas podem ser vistas com certa regularidade acima das florestas de terra firme. As andorinhas dos gêneros *Atticora*, *Progne* e *Tachycineta*, por exemplo, costumam caçar quase rente às águas do rio Tapajós, aproveitando revoadas de formigas, moscas e

efemerópteros. A calcinha-branca (*Neochelidon-Atticora tibialis*) é praticamente a única andorinha que depende exclusivamente de florestas para se alimentar e reproduzir. Ela explora as camadas de ar logo acima das copas de árvores, competindo pouco com os andorinhões, que preferem o espaço aéreo quase junto às nuvens. A andorinha-serradora (*Stelgidopteryx ruficollis*) é generalista com relação à ocupação de ambientes, capturando presas tanto nas orlas de florestas como acima da correnteza de rios largos.

CAPÍTULO 9

Caçadores noturnos

Um dos períodos do dia mais instigantes para um observador de aves é o cair da tarde. Se, por um lado, a maior parte das aves vai se despedindo aos poucos das luzes do dia, por outro lado, entra em cena um pequeno e misterioso time de aves que depende do crepúsculo para iniciar suas atividades de caça.

No Parque Nacional da Amazônia, uma das melhores épocas do ano para registrar as atividades das aves noturnas é o início da primavera, quando as primeiras chuvas atiçam muitos tipos de insetos e outros pequenos animais. Os protagonistas da noite nessa região (como em quase toda a Amazônia) são as corujas e os curiangos.

Uma de minhas cadernetas de campo guarda os registros da vida das aves no final de um dia de setembro de 2000, que eu e o guarda florestal Adelson fizemos, ao longo da rodovia Transamazônica, entre as bases de Tracoá e Uruá.

No início do percurso, um pouco depois das 17 horas, avistamos um jacupiranga (*Penelope pileata*) subindo até a copa esguia de um morototó (*Schefflera morototoni*) para se empanturrar dos frutos miúdos de coloração bege. Essa árvore elegante, de quase 20 metros de altura, é muito comum nas bordas das florestas dessa região, produzindo drupas de formato achatado, a partir do final da estação seca.

Jacupirangas, jacupembas e outras aves da família Cracidae são os mais ilustres galináceos da América do Sul. Quase todos os cracídeos possuem aspecto homogêneo, com as pernas altas, a cauda longa, o pescoço comprido e a cabeça relativamente pequena. A plumagem é quase sempre escura, servindo como defesa durante o cair da tarde, quando se tornam muito espertos e inquietos. Costumam engolir os frutos inteiros, sejam coquinhos de palmeiras ou drupas de morototós, regurgitando as sementes um tempo depois.

Um inhambu-pixuna (*Crypturellus cinereus*) iniciou sua cantiga nos arredores de um lago de águas adormecidas, provavelmente para garantir seu domínio quando as luzes retornarem à floresta, na manhã seguinte. Estranhamente, há dias em que ele pode cantar até a madrugada, mesmo após ter se aquietado em seu pouso. Nesta tarde, seus pios sonoros e insistentes quase se misturaram à orquestra de outros tenores da floresta que também apreciam caminhar: os urus-corcovados (*Odontophorus gujanensis*). O dueto do casal pode se prolongar noite adentro, juntamente com o estrídulo dos grilos, o zangarreio forte das cigarras e o coaxar das pererecas.

Quando as luzes do dia tornaram-se bastante escassas, permitindo apenas que enxergássemos vultos nas orlas da mata, um arapaçu-de-lafresnaye (*Xiphorhynchus guttatoides*) emitiu sua derradeira cantiga. Os arapaçus vivem trafegando pelo tronco das árvores em busca de insetos, sendo ativos até o final do dia, quando começam a procurar confortáveis buracos em troncos para dormir. Eles precisam ter cuidado com os gaviões-mateiros do gênero *Micrastur*, que têm o hábito de caçar pássaros e grandes insetos dentro da floresta, especialmente no lusco-fusco.

Um caburé-da-Amazônia (*Glaucidium hardyi*) anunciou seu paradeiro com um canto curioso, parecendo uma risada tímida de várias notas quase iguais. Como outras espécies de corujas do gênero *Glaucidium*, ele parece nunca descansar, caçando durante o dia e a noite. Gafanhotos, baratas e pequenos pássaros fazem parte de seu variado cardápio. Adelson chamou a atenção para um curioso episódio que presenciou nas margens do Tracoá, em que um caburé predou um pequeno beija-flor.

De certa forma, podemos dizer que os pequenos caburés do gênero *Glaucidium* competem muito pouco com outros tipos de corujas, não apenas porque possuem vocação parcialmente diurna, mas também pelo fato de suas vítimas serem, em média, menores do que aquelas predadas por corujas mais robustas. Afinal de contas, os caburés não ultrapassam 16 centímetros de comprimento, sendo apenas um pouco maiores do que um canário-da-terra.

Enfim, ouvimos o canto de uma verdadeira ave noturna, mais ou menos às 19 horas: a corujinha-relógio (*Megascops usta*). Seu nome vulgar faz menção ao ritmo de seu canto, que soa como as batidas de um relógio. Com a lanterna na mão, procurei a ave bem em frente a um córrego estreito na borda da Transamazônica. Em poucos minutos, conseguimos iluminar a parte de cima do seu corpo, entre galhos baixos de árvores, incluindo bigodes conspícuos ao lado do bico e um par de "orelhas" no alto da cabeça. Como em qualquer coruja, os olhos grandes e um notável disco facial fazem parte de sua aparelhagem para localizar as presas.

As corujinhas do gênero *Megascops* costumam se substituir geograficamente, raramente ocorrendo duas espécies em uma mesma região. Cada espécie, portanto, não compete por alimento com suas congêneres, o que já é uma vantagem. Ademais, essas corujinhas orelhudas de quase 25 centímetros de altura são basicamente insetívoras, ao contrário de várias outras corujas de porte maior, que preferem pequenos vertebrados.

Corujinha-relógio

Quando estávamos quase chegando à velha casa de ripas de madeira, na base de Uruá, conseguimos descobrir uma das maiores corujas que vivem no Parque Nacional: a murucututu (*Pulsatrix perspicillata*). Mesmo quase hipnotizada pela luz intensa da lanterna, ela manteve sua serenidade, com os grandes olhos amarelos quase fixos em nossa direção. Seu incrível disco facial, somado às penas longas (bem atrás da abertura dos ouvidos), auxilia na detecção de ruídos, funcionando como um microfone direcional.

Com o dobro do tamanho das corujinhas *Megascops*, as murucututus são caçadoras de pequenos animais de hábito noturno, como lagartos, morcegos e sapos.

Um pequeno grupo de curiangos (*Nyctidromus albicollis*) cantava ao redor da casa, utilizando a pequena trilha que leva até a varanda como posto de pouso e espreita. As estratégias de caça são diferentes das empregadas pelas corujas, suas primas florestais. Curiangos são insetívoros que utilizam somente a percepção visual para abater suas vítimas (geralmente, insetos alados), buscando algum tipo de claridade para descobri-las, como a luz de uma lua cheia ou até as lâmpadas de nossa varanda.

Curiangos e outros membros da família Caprimulgidae possuem uma adaptação muito interessante para aprimorar a coleta de alimento: seus bicos são "elásticos", funcionando como largas bocas para abocanhar insetos. Além disso, possuem um saco gular ricamente vascularizado e sensível, que tem a função de uma malha para capturar alimento. Ao contrário das corujas, curiangos e outros caprimulgídeos pegam suas presas no ar durante voos acrobáticos de curta amplitude.

O tuju (*Lurocalis semitorquatus*) é um parente do curiango, que utiliza uma estratégia singular para coletar alimento durante o crepúsculo: ele voa sobre a copa da floresta, coletando insetos pequenos em pleno ar, com sua bocarra aberta. Quando a mata escurece, ele se deita sobre troncos largos para descansar. Suas asas compridas e rígidas podem lembrar as de certos andorinhões que voam durante o dia (veja o capítulo anterior).

Urutaus e mães-da-lua

Solitários, noturnos, estranhos e enigmáticos, e, além disso, difíceis de serem encontrados na natureza, os urutaus e as mães-da-lua são cercados por diversas lendas do folclore brasileiro. Há muitos anos, o saudoso ornitólogo Helmut Sick mencionou que tais aves estariam entre as criaturas mais bizarras de nosso continente.

Seus corpos são parrudos e bem caracterizados por uma cabeça larga e plana, ocupada em grande parte pelos olhos e boca avantajados. Suas vozes figuram entre as mais pavorosas que se conhece no mundo das aves. Algumas parecem o lamento de uma mulher, enquanto outras se assemelham ao urro de um monstro imaginário. Se, para alguns povos indígenas, as vozes anunciam maus presságios, para outros, elas podem trazer um tipo de benção.

Outro aspecto pitoresco da vida de urutaus e mães-da-lua é o hábito de pousar em galhos e tocos expostos para dormir durante o dia. Tais poleiros de descanso podem estar situados em diversos lugares, como em uma árvore da orla da mata ou na cerca de uma fazenda. A coloração amarronzada ou acinzentada da plumagem e o formato do corpo concedem um inigualável disfarce, fazendo que a ave se confunda com os galhos de uma árvore ou com a extremidade de um pau seco.

Urutaus e mães-da-lua têm uma adaptação única entre as aves: um "olho mágico". Ele é formado por duas fendas na pálpebra superior que permitem que a ave contemple e vigie os arredores, mesmo com os olhos fechados. Outra notável adaptação é a larga planta dos pés que garante absoluto conforto para a manutenção do corpo em um mesmo poleiro por longos períodos.

Com a chegada da noite, as coisas mudam de figura. A ave troca de paradeiro e torna-se mais ativa. Geralmente escolhe um ou dois poleiros de ampla visão que sejam promissores para iniciar a caçada. Com voos relativamente curtos, às vezes incluindo perseguições arrojadas, urutaus e mães-da-lua abatem mariposas e besouros em pleno ar. Asas e caudas bem desenvolvidas garantem o sucesso nas manobras aéreas, enquanto as bocarras auxiliam bastante a caça de alvos móveis. Eventualmente podem surpreender lagartas e gafanhotos que repousam sobre a folhagem. O canto é repetido inúmeras vezes ao longo da noite, de modo a garantir seu território de alimentação e reprodução.

A luz da lua e até das cidades podem auxiliar na captura de insetos grandes. Por isso, urutaus e mães-da-lua podem ser frequentemente encontrados em lugares inesperados, como acima de postes de iluminação de ruas e estradas, onde há farta disponibilidade de insetos.

As cinco espécies da família Nyctibiidae estão bem distribuídas em toda a Amazônia brasileira. A mãe-da-lua-gigante (*Nyctibius grandis*), com quase 1 metro de envergadura e 500 gramas de peso, é a maior representante dessa turma. Ela é particularmente comum em áreas de matas de várzea. O urutau-ferrugem (*Nyctibius-Phyllaemulor bracteatus*) ocupa o extremo oposto da família, com apenas 23 centímetros de comprimento. Sua área de vida parece estar relacionada com bordas de florestas de terra firme, especialmente onde existem trepadeiras e embaúbas.

As diferentes espécies de urutaus e mães-da-lua parecem competir pouco entre si, especialmente devido a certas predileções relacionadas ao hábitat, à altura de forrageamento e ao tamanho (e tipo) de presas capturadas. Com relação ao nicho de caça, diferem das corujas sobretudo por capturarem suas presas — geralmente insetos alados — em lugares mais abertos.

CAPÍTULO 10

A *enganosa vantagem das aves*

Depois de ler os capítulos anteriores, é possível que o leitor tenha sido induzido a pensar que as aves sejam infalíveis caçadoras de insetos e outros animais pequenos da floresta. A sensação de que todas as aves insetívoras sejam exímias "máquinas mortíferas" pode ter sido causada pela narração de uma diversidade de estratégias e truques empolgantes. Porém, a complexa relação entre as aves e os insetos deve ser encarada de outro modo: como apenas uma faceta da ampla corrida armamentista da natureza, cuja história é, em grande parte, desconhecida; oculta em milhares de degraus evolutivos.

A primeira pista para entendermos essa corrida entre as aves e os insetos pode estar associada à própria multiplicidade de aves insetívoras. Por que existem muito mais aves insetívoras do que frugívoras? Tal aspecto certamente é resultado do mero fato de que os insetos não desejam ser comidos — exatamente o contrário do que acontece com os frutos. Dessa forma, as aves insetívoras foram estimuladas a criar adaptações morfológicas e diferentes técnicas de captura para não morrerem de fome. A diversificação dessas espécies de aves, de certa forma, é o resultado de uma teia de complexas interações, fomentadas por um meio ambiente extremamente fértil. Nesse contexto, a esplêndida variedade (e quantidade) de insetos proporcionou um campo fértil, repleto de oportunidades, à conquista das aves.

Diferentes linhagens de pássaros insetívoros diversificaram-se (e especializaram-se), de modo a explorar inúmeros nichos ocupados pelos insetos e outros artrópodes. De outra forma, as aves radicalmente frugívoras precisaram apenas escolher qual o tipo de fruto a ser comido.

Na corrida armamentista entre aves e insetos, tanto as aves se apoderaram de diversos modelos de corpos e truques para capturar os insetos, como os insetos criaram muitas artimanhas para não serem devorados por elas.

Alguns insetos, como as borboletas e mariposas (e suas larvas), criaram cores vistosas, associadas a sabores nauseantes, que podem desencorajar as aves a persegui-los. Diante da primeira experiência vivida por um pássaro desavisado, ele quase certamente ficará desestimulado a tentar de novo. Outros insetos desenvolveram vários tipos de disfarces. Bichos-folhas imitam limbos de folhas pardacentos, de modo a não serem percebidos pelas aves e outros predadores. Esperanças simulam folhas verdejantes quase perfeitamente. Aranhas que vivem em inflorescências desenvolveram formatos e cores que tornam muito difícil percebê-las em meio às flores. Assim, podem atacar insetos e não serem percebidas pelas aves. Esses são apenas alguns meios criados pelos insetos e outros artrópodes para viverem mais tempo.

Tão interessante quanto os próprios disfarces é a "força--motriz" que os gerou: os olhos sagazes das aves. Explicando melhor: o refinamento de qualquer tipo de disfarce que vemos atualmente na natureza é, na verdade, um produto de vários "testes" realizados entre o predador e a presa. Se não houvesse os olhos curiosos dos predadores atuando sobre modelos de corpos das presas, elas não teriam necessidade de chegar até cópias quase perfeitas de galhos, folhas e até de flores, entre outros substratos "neutros" da floresta.

Bicho-pau

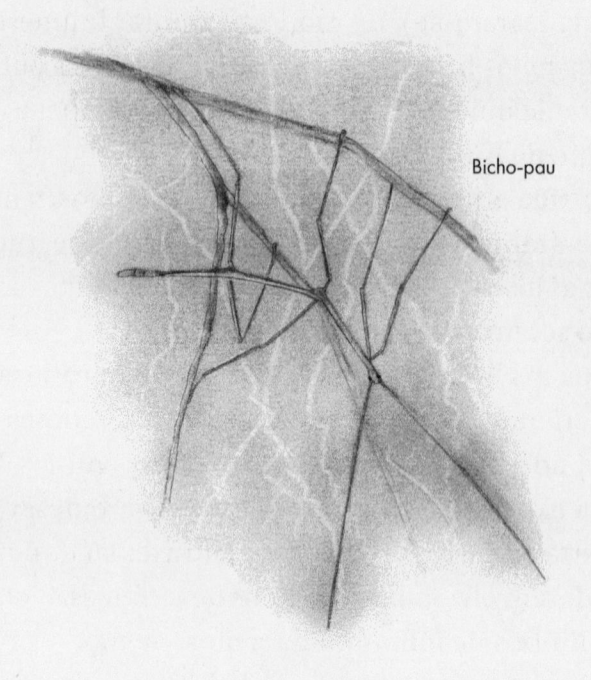

Ademais, como ocorre em qualquer relação entre predador e presa, em cada conjunto de episódios de caça, os insetos e outros pequenos animais tendem a levar consideráveis vantagens. Assim, antes de capturar uma esperança verde, idêntica a um pedaço de folha, um papa-moscas deixou de encontrar dezenas delas em sua rota de alimentação; até que, quase por acaso, descobriu que uma delas possuía duas antenas e um par de olhos. Do mesmo modo, um jacamim, quando caminha, pode pisar sem querer em várias aranhas e centopeias (sem causar mal algum a elas), até que, finalmente, descubra uma caranguejeira distraída por algum motivo, ou mesmo doente.

Outro aspecto que deve ser compreendido pelo leitor é que as aves insetívoras podem ser ironicamente importantes para os próprios insetos e até para as plantas. Quando um papa-formigas captura um percevejo que estava sugando a seiva de uma folha, ele não está apenas diminuindo a população desse pequeno animal. A ave, na verdade, está ajudando no equilíbrio do meio ambiente. Nesse contexto, quando a população de percevejos é sutilmente alterada pelas aves, os danos causados aos tecidos das plantas são atenuados e, por outro lado, as chances de que mais folhas saudáveis estejam disponíveis para outros insetos, como as lagartas de borboletas, são maiores. As interações entre as aves e um determinado grupo de insetos, dessa forma, podem refletir beneficamente na vida de outros grupos de insetos ou aranhas. Em suma, cada pequena interação entre as aves e os insetos pode ser considerada como um elo importante para a própria regulação e equilíbrio das populações desses grupos de animais na natureza.

Finalmente, a imensa teia de interações envolvendo as aves insetívoras e os insetos nunca chegará ao fim. Pelo contrário, de tempos em tempos surgirão adaptações *sui generis* — e até novas espécies de aves ou insetos com talentos inovadores — que, na verdade, serão responsáveis pela manutenção da corrida coevolutiva, um dos fenômenos mais intrigantes e formidáveis de nosso planeta.

Considerações finais

Nos capítulos anteriores, vimos como muitas aves de dieta basicamente insetívora ocuparam a Floresta Amazônica. Graças a uma série de "talentos naturais" e adaptações seletivas, muitas espécies (taxonomicamente próximas, ou não) descobriram e ocuparam nichos originais, bem como aprenderam a viver harmoniosamente com suas vizinhas.

Aspectos da herança vital das aves, como o voo, o canto e a alta sociabilidade, foram fundamentais para a ocupação espacial e a diversificação das espécies, servindo como um arcabouço multifacetado para a adaptabilidade seletiva e a competição.

Dentre as adaptações seletivas mais comuns das aves insetívoras da Floresta Amazônica, podemos mencionar a ocupação diferencial de hábitats e a preferência por substratos específicos de forrageamento. Também podemos incluir entre tais adaptações traços morfológicos e até comportamentais, que tenham evoluído paralelamente a determinados processos vitais das aves — como a ocupação espacial, a alimentação e a convivência com outras aves.

Vimos que aves estreitamente aparentadas, de hábitos e/ou morfologia semelhantes, não costumam ocupar os mesmos lugares; e, quando isso ocorre, há uma tendência à exploração de diferentes estratos florestais e substratos de caça.

Na verdade, em complexos ambientes florestais, as "escolhas" feitas pelas aves insetívoras que vemos atualmente derivam de um arsenal multifacetado, que inclui desde os magníficos poderes da visão e da locomoção até uma elevada sociabilidade e a capacidade de refinar comportamentos alimentares.

Graças ao esforço das várias linhagens de pássaros insetívoros, direcionado a explorar os múltiplos nichos ocupados pelos insetos, hoje conhecemos uma incrível diversidade de aves caçadoras que, numericamente, estão bem acima das aves frugívoras. Respondendo com a mesma moeda, os insetos criaram diversos tipos de disfarce e artifícios comportamentais para escapar das aves.

Na corrida armamentista, que nunca terá seu fim, a cada adaptação das aves insetívoras para capturar os insetos sucede-se outra, criada por esses últimos, para tentar escapar ou ludibriar o predador.

Bibliografia consultada

CARAUTA, J. P. P.; DIAZ, B. E. *Figueiras no Brasil*. Rio de Janeiro: Editora UFRJ, 2002.

COHN-HAFT, M.; WHITTAKER, A.; STOUFFER, P. C. A new look at the "species-poor" Central Amazon: The avifauna north of Manaus, Brazil. *Ornithological Monographs*, v. 48, p. 205-235, 1997.

CUNHA, M. C.; ALMEIDA, M. B. (orgs.). *Enciclopédia da floresta*: o Alto Juruá: práticas e conhecimentos das populações. São Paulo: Companhia das Letras, 2002.

DAWKINS, R. *O relojoeiro cego*: a teoria da evolução contra o desígnio divino. São Paulo: Companhia das Letras, 2001.

DEL HOYO, J.; ELLIOTT, A.; CHRISTIE, D. A. (ed.). *Handbook of the Birds of the World*: Broadbills to Tapaculos. Barcelona: Lynx Edicions, 2003, v. 8.

DEL HOYO, J.; ELLIOTT, A.; CHRISTIE, D. A. (ed.). *Handbook of the Birds of the World*: Tanagers to New World Blackbirds. Barcelona: Lynx Edicions, 2011, v. 16.

HOLLDOBLER, B.; WILSON, E. O. *Journey to the Ants*: a story of scientific exploration. London: Belknap Press of Harvard University, 1994.

KIRWAN, G. M.; GREEN, G. *Cotingas e Manakins*. New Jersey: Princeton University Press, 2011.

ODUM, E. P. *Ecologia*. Rio de Janeiro: Editora Guanabara S.A., 1988.

OREN, D. C.; PARKER, T. A. III. Avifauna of the Tapajós National Park and Vicinity, Amazonian Brazil. *Ornithological Monographs*, v. 48, p. 493-525, 1997.

PACHECO, J. F.; SILVEIRA, L.F.; ALEIXO, A. et al. Annotated checklist of the birds of Brazil by the Brazilian Ornithological Records Committee – second edition / Lista comentada das aves do Brasil pelo Comitê Brasileiro de Registros Ornitológicos. *Ornithol. Res.*, v. 29, p. 94-105, 2021.

PARRINI, R. *A floresta de um naturalista*: uma jornada ao longo das estações do ano para conhecer as plantas e as aves do Parque Nacional da Serra dos Órgãos. Rio de Janeiro: Edição do Autor (ePub), 2020.

PARRINI, R. *Quatro estações – história natural das aves na Mata Atlântica*: uma abordagem trófica. São Paulo: Editora Technical Books, 2015.

ROSENBERG, K. V. Ecology of dead-leaf foraging specialists and their contribution to Amazonian bird diversity. *Ornithological Monographs*, v. 48, p. 673-700, 1997.

SHERRY, T. W.; KENT, C. M.; SÁNCHEZ, N. V.; SEKERCIOGLU, Ç. H. Insectivorous birds in the Neotropics: Ecological radiations, specialization, and coexistence in species-rich communities. *The Auk: Ornithological Advances*, v. 137, p. 1-27, 2020.

SICK, H. *Ornitologia brasileira*. Edição revista e ampliada por José Fernando Pacheco. Rio de Janeiro: Editora Nova Fronteira, 1997.

WIKIAVES. A enciclopédia das aves do Brasil. Disponível em: http://www.wikiaves.com.br. Acesso em: ago./dez. 2022.

WILLIS, E. O.; ONIKI, Y. As aves e as formigas de correição. *Boletim do Museu Paraense Emílio Goeldi* (Zool), v. 8, n. 1, p. 123-150, 1992.

WILSON, E. O. *A conquista social da terra*. São Paulo: Companhia das Letras, 2013.

ZIMMER, K. J.; PARKER, T. A.; ISLER, M. L.; ISLER, P. R. Survey of a Southern Amazonian Avifauna: The Alta Floresta Region, Mato Grosso, Brazil. *Ornithological Monographs*, v. 48, p. 887-918, 1997.

FONTE Utopia Std
PAPEL Pólen Natural 80 g/m²
IMPRESSÃO Meta